河北省创新能力提升计划项目科学普及专项

项目编号：22552802K

探索微生物世界

贺莹　曹翠瑶　王立晖　著

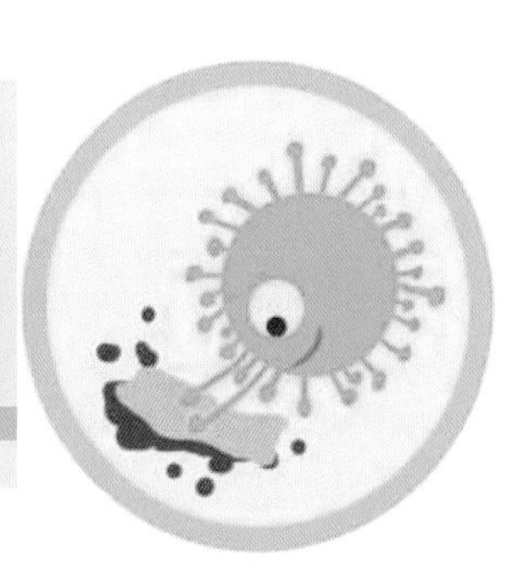

天津大学出版社
TIANJIN UNIVERSITY PRESS

图书在版编目（CIP）数据

探索微生物世界 / 贺莹，曹翠瑶，王立晖著. 天津 ： 天津大学出版社，2024. 6. -- ISBN 978-7-5618-7764-7

Ⅰ. Q939-49

中国国家版本馆CIP数据核字第20245PF393号

出版发行　天津大学出版社
地　　址　天津市卫津路92号天津大学内（邮编：300072）
电　　话　发行部：022-27403647
网　　址　www.tjupress.com.cn
印　　刷　廊坊市瑞德印刷有限公司
经　　销　全国各地新华书店
开　　本　880mm×1230mm　1/32
印　　张　4.25
字　　数　151千
版　　次　2024年6月第1版
印　　次　2024年6月第1次
定　　价　49.00元

凡购本书，如有缺页、倒页、脱页等质量问题，烦请与我社发行部门联系调换

版权所有　侵权必究

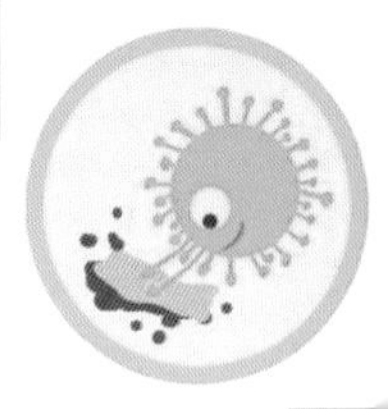

目　录

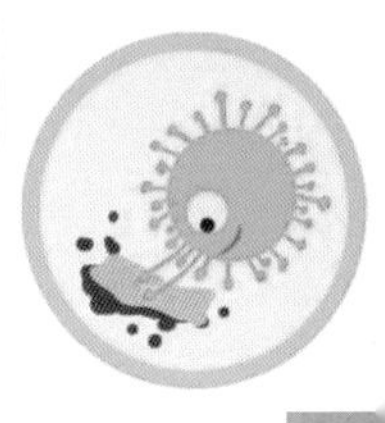

CONTENTS

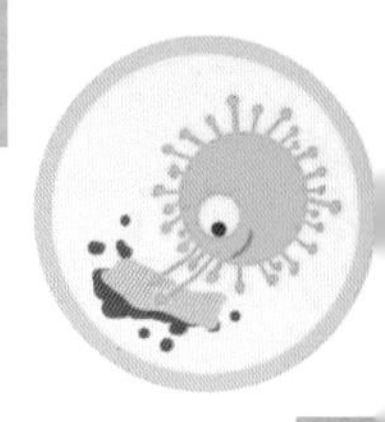

第一章

微生物概述

Chapter 1

一、认识微生物

当你清晨起床后，深深吸一口清新的空气，喝一杯可口的酸奶，品尝着美味的面包或馒头的时候，你就已经开始享受微生物带给你的恩惠了；当你因患感冒或其他疾病而躺在医院的病床上，遭受病痛的折磨时，那便是有害的微生物侵蚀了你的身体；当白衣护士给你服用（或注射）抗生素类药物，使你很快恢复健康时，你应该感谢微生物给你带来的福音，因为抗生素是微生物的奉献。然而，当高剂量的某种抗生素注入你的体内后，效果甚微或者毫无效果，你可曾想到这也是微生物的恶作剧——病原微生物对药物产生了抗性。这时医生只好尝试使用其他药物对你进行治疗，这些药物又有待于微生物学家和其他科学家去研究开发。

可以说，微生物对人类的重要性怎么强调都不过分。微生物是一把十分锋利的"双刃剑"，它们在给人类带来巨大利益的同时也带来"残忍"的破坏。这些利益不仅仅是享受，更关系到人类的生存。微生物在许多重要产品中起到不可替代的作用，例如微生物对面包、奶酪、啤酒、抗生素、疫苗、维生素、酶等的生产起到重要作用。同时，微生物也是人类生存环境中必不可少的成员，有了它们地球上的物质才能进行循环，否则地球上的所有生命将无法繁衍下去。此外，以基因工程为代表的现代生物技术的发展及其美妙的前景也是微生物对人类作出的又一重大贡献。然而，这把双刃剑的另一面——微生物的"残忍"性给人类带来的灾难有时甚至是毁灭性的。1347 年，一场由鼠疫杆菌引起的瘟疫几乎摧毁了整个欧洲，欧洲 1/3 的人（约 2 500 万人）死于这场灾难。在此

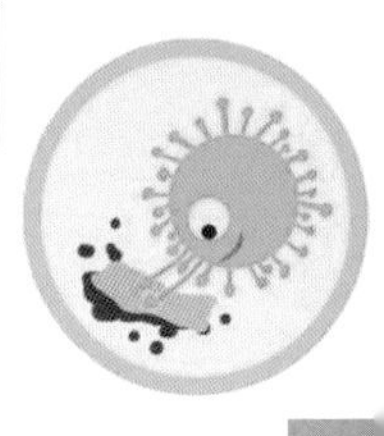

后的80年间，这种疾病一再肆虐，使欧洲的人口减少了75%，一些历史学家认为这场灾难甚至改变了欧洲文明的进程。中华人民共和国成立前，我国也曾多次流行鼠疫，死亡率极高。一种新的瘟疫——艾滋病（AIDS）正在全球蔓延。癌症也威胁着人类的健康和生命。许多已被征服的传染病，如肺结核、疟疾、霍乱等，也有"卷土重来"之势。据1999年8月世界卫生组织的统计，全世界有18.6亿人（相当于全球人口的32%）患结核病。随着环境污染日趋严重，一些以前从未见过的新的疾病（如军团病、埃博拉出血热、O139新菌型霍乱以及疯牛病等）又给人类带来了新的威胁。因此，未来的微生物学家或其他科学家任重道远。

1 微生物的概念

微生物和动物、植物一起构成了地球生物圈所有的生物。与动物和植物不同，微生物不是生物分类系统中的一个类群。动物和植物分别指生物分类中的动物界和植物界，其特征非常明显。微生物是个体微小、肉眼难以看清、需要通过显微镜才能进行观察的所有生物的总称（图1-1），包括细菌、古菌、真菌、原生动物和藻类，还包括非细胞生物病毒。细菌包括球菌、杆菌、螺菌、放线菌、蓝细菌、支原体和立克次体等；古菌包括产甲烷菌、极端嗜盐菌和嗜热菌等；真菌包括霉菌、酵母菌和蕈菌等；原生动物包括变形虫、纤毛虫和鞭毛虫等；藻类（图1-2）包括绿藻、褐藻和甲藻等。

除个体微小这一共同特征外，微生物的生物学特性相当多样。既有原核生物，如细菌、古菌，也有真核生物，如真菌、原生动物和藻类。大多数微生物是单细胞生物，或有细胞壁，或异养型生物，少数是多细胞生物，或无细胞壁，或自养型生物。有些微生物具有鞭毛或纤毛，能够运动，有些微生物不能运动。少数微生物个体较大，肉眼可见，如一些藻类和真菌。

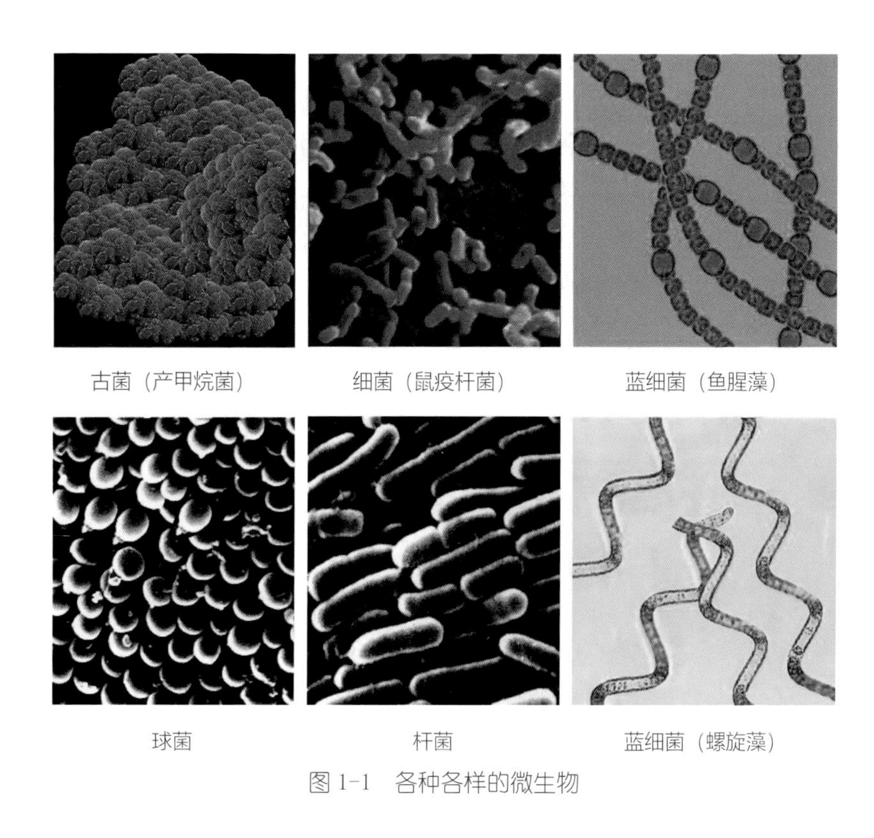

古菌（产甲烷菌） 细菌（鼠疫杆菌） 蓝细菌（鱼腥藻）

球菌 杆菌 蓝细菌（螺旋藻）

图 1-1 各种各样的微生物

2 微生物在生物界的地位

地球是在大约 46 亿年前形成的。形成之初，由于高温、强辐射，其不适合生命生存。大约在 38 亿年前，地球变得可供生命生存。在地层中发现的最古老的化石生命可以追溯到 35 亿年前。这些最早的化石类似于蓝细菌和其他目前仍然存在的细菌（图 1-3）。地球年轻时的大气圈主要由甲烷、氢气、氨和水蒸气组成。通过蓝细菌的光合作用，在 22 亿 ~23 亿年前转变成含氧的大气圈。从 35 亿年的地层发现，细菌出现之后的 10 亿年中，地球上的生命仍是

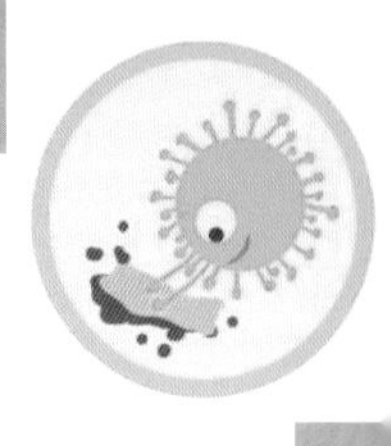

图 1-2 不同的藻类

原核生物。大约在 27 亿年前，地球上出现了单细胞真核生物。从真核生物含有部分细菌和古菌的基因组可以推导出，最早的真核细胞是细菌和古菌共生而形成的嵌合体。在 12 亿 ~15 亿年前，也就是中元古代的延展纪和盖层纪时期，真核细胞又获得了各种共生体作为细胞器，比如线粒体和叶绿体，线粒体来自 α- 变形细菌，叶绿体则来自蓝细菌，单细胞的藻类由此形成。而细胞核的起源目前仍不清楚，在细胞核的起源过程中显然没有发生共生现象。随后，由于

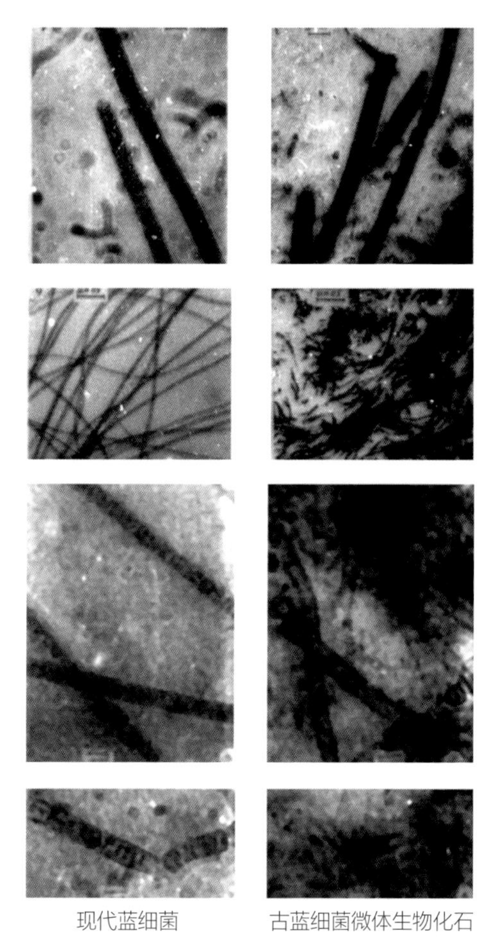
现代蓝细菌　　古蓝细菌微体生物化石

图 1-3　蓝细菌化石

地球板块运动形成高山、海洋以及气候变化和大气化学成分的改变，生物的生存环境不断发生着剧烈变化，通过自然选择作用，地球上陆续出现了其他动植物和人类。

根据惠特克（Whittaker）提出的生物五界系统，地球上的生物分为原核

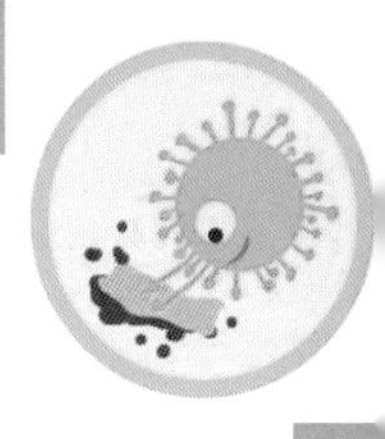

生物界、原生生物界、动物界、真菌界和植物界（图 1-4）。原生生物界包括原生动物和藻类。所以，微生物涵盖了五界中的三界。沃斯（Woese）根据细胞中核糖体 RNA（rRNA）的核酸序列以及膜脂的结构和对抗生素的敏感性，将生物分为三个域，即三域系统。三域分别是细菌域、古菌域和真核生物域。域是高于界的生物分类单位，真核生物域包括原生生物界、真菌界、植物界和动物界。三域系统的主要进展是将传统认为的原核生物细菌分为真细菌和古菌两个类群，但由于习惯使然，真细菌仍称为细菌。

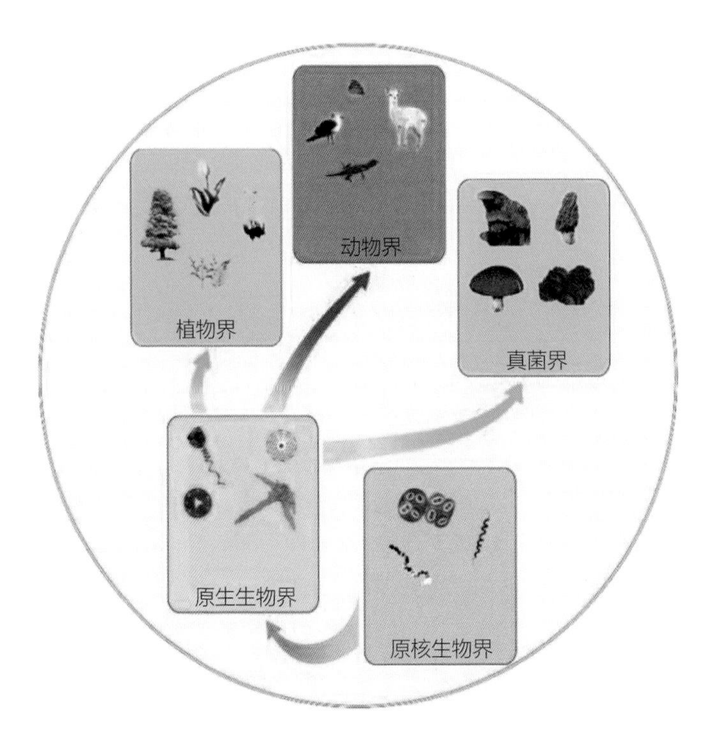

图 1-4　五界系统

3 微生物的一般特点

微生物作为生物的一大类，除了与其他生物共有的特点外，还有其本身的特点。正是因为微生物的体形都极其微小，才具有与之密切相关的以下五个重要共性。这五大共性不论在理论上还是在实践上都极其重要，使得这微不可见的生物类群引起了人们的高度重视。

1）体积小、比表面积大

微生物的大小以微米（μm）计（图 1-5），但其比表面积（表面积与体积的比值）大，这使得微生物必然有一个巨大的营养吸收、代谢废物排泄和环境信息接受面。这一特点也是微生物与一切大型生物相区别的关键所在。比如：乳酸杆菌的比表面积为 12 万 cm^2/g；鸡蛋的比表面积为 1.5 cm^2/g；而 90 kg 的人的比表面积为 0.3 cm^2/g。生物的比表面积越大，其代谢活性越强。

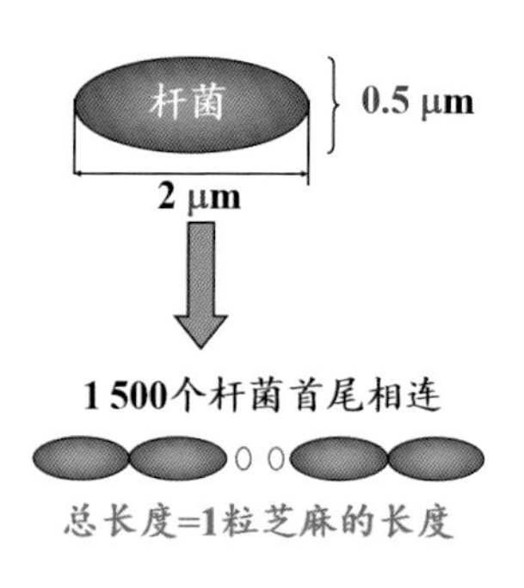

图 1-5 杆菌大小示意图

2）吸收多、转化快

这一特性为微生物高速生长繁殖和产生大量代谢物提供了充分的物质基础。例如：3 g 地鼠每天消耗与体重等重的粮食；1 g 闪绿蜂鸟每天消耗 2 倍于体重的粮食；大肠杆菌每小时消耗 2 000 倍于体重的糖；发酵乳糖的细菌在 1 h 内就可以分解相当于其自身质量 1 000~10 000 倍的乳糖，产生乳酸；1 kg

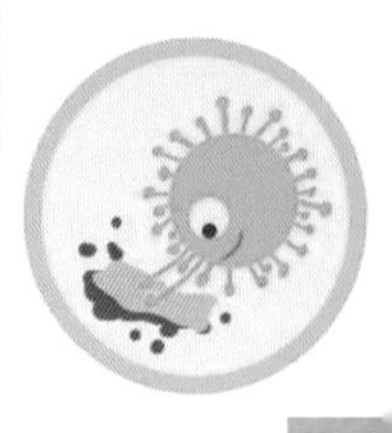

酵母菌在一天内可发酵几吨的糖，生成酒精。

3）生长旺、繁殖快

微生物有极高的生长繁殖速度，如大肠杆菌一般 20~30 min 分裂一次，若不停分裂，48 h 菌数增加 2.2×10^{43} 倍，但营养消耗、代谢物积累限制了生长速率。利用微生物的这一特性可在短时间内把大量基质转化为有用产品。但是，该特性也有不利的一面，如导致疾病、粮食霉变。大肠杆菌在最适宜的生长条件下，每 12.5~20 min 就能分裂一次；在液体培养基中，细菌细胞的浓度一般为 10^{8}~10^{9} 个 /mL；谷氨酸短杆菌摇瓶种子可制成 50 t 发酵罐，52 h 内细胞数目可增加 32 亿倍。利用微生物的这一特性就可以实现发酵工业的短周期、高效率生产，例如在生产鲜酵母菌（图 1-6）时，几乎 12 h 就可以收获一次，每年可以收获数百次。

图 1-6　酵母菌

细菌比植物的繁殖快 530 倍，比动物快 2 000 倍。对有益微生物，可以进行人工培养，在很短的时间内就能获得大量的微生物个体，可以生产出对人类有用的产品，如食品、调味品、生物制品等。而有害微生物的大量繁殖导致病害的发生和流行，应注意抑制。

4）适应强、易变异

微生物具有极其灵活的适应性，对极端环境具有惊人的适应力，其遗传物质易变异。更重要的是，微生物的生理代谢类型多，代谢产物种类多。比如：万米深海、85 km高空、地层下128 m和427 m沉积岩中都发现有微生物存在。

微生物因个体小、比表面积大等原因，容易受环境条件的影响。在紫外线、生物诱变剂以及环境中的某些营养因子改变的影响下，微生物个体自觉和被迫产生基因结构改变，从而产生变异体。据统计，自然条件下微生物个体变异的概率为百万分之一。由于微生物容易产生突变体，利用这一特性，可进行微生物诱变，然后筛选具有某种目标特性的微生物菌株，如提高产量的菌株、营养缺陷型菌株等。例如：青霉素生产菌——产黄青霉的产量1943年为每毫升发酵液中含20单位青霉素，历经40多年，在世界各国微生物遗传育种工作者的不懈努力下，该菌产量逐渐提高，加上发酵条件的改进，世界上先进国家该菌的发酵水平已超过每毫升5万单位，甚至接近10万单位。微生物的数量性状变异和育种使产量提高的幅度之大，是动植物育种工作中绝对不可能达到的。正因为如此，几乎所有微生物发酵工厂都十分重视菌种选育工作。

5）分布广、种类多

微生物分布区域广，分布环境广，生理代谢类型多，代谢产物种类多、总数多。其中最重要的是微生物的生理代谢类型多与代谢产物种类多。任何有其他生物生存的环境中，都能找到微生物，而在其他生物不可能生存的极端环境中也有微生物存在。

江、河、湖、海、土壤、大气、矿层以及动物及植物体内与体表都有微生物，1 g土壤中有几亿至几十亿个微生物，上至85 km的高空，下到1 000~2 000 m的土层、11 km的海底，都有微生物的存在。1 g粪便中有1 000亿个微生物；1 mL海水中有870~1 200个微生物；人的肠道中有百万亿个微生物。真菌约有10万种，细菌约有2 000种，放线菌约有1 000种。

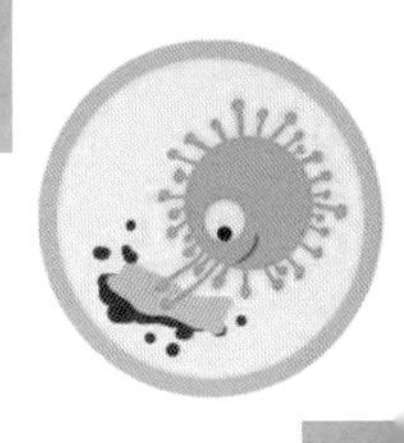

二、微生物学

微生物学（microbiology）是研究微生物及其生命活动规律的学科。微生物学的主要研究内容是微生物的形态结构、营养特点、生理生化、生长繁殖、遗传变异、分类鉴定、生态分布，以及微生物在工业、农业、医疗卫生、环境保护等方面的应用。研究任务是发掘、利用、改善和保护有益微生物，控制、消灭或改造有害微生物。

1 微生物学发展简史

1）感性认识阶段

我国劳动人民很早就认识到微生物的存在和作用，我国也是最早应用微生物的少数国家之一。据考古学推测，我国在 8 000 年前已经出现了曲蘖酿酒。4 000 多年前我国酿酒已十分普遍，当时埃及人也已学会了烤制面包和酿制果酒。2 500 年前我国人民发明酿酱、醋，知道用曲治疗消化道疾病。公元 6 世纪（北魏时期），贾思勰的巨著《齐民要术》详细地记载了制曲、酿酒、制酱和酿醋等工艺。在农业上，虽然我国农民还不清楚根瘤菌的固氮作用，但已经在利用豆科植物轮作提高土壤肥力。这些事实说明，尽管人们还不知道微生物的存在，但是已经在同微生物打交道了。在应用有益微生物的同时，还对有害微生物进行预防和治疗。如为防止食物变质，采用盐渍、糖渍、干燥、酸化等方法；清朝就开始用人痘预防天花。人痘预防天花是我国对世界医学的一大贡献，这种方法先后传到俄国、日本、朝鲜、土耳其及英国，至 1798 年英国医生詹纳（Jenner）才提出用牛痘预防天花。

2）形态学发展阶段

史前期虽然人们已经在利用微生物，但是并不认识它，直到显微镜发明后，人们才对微生物有了具体认识。最早的显微镜由一位荷兰眼镜商在 1600 年前后制造，它的结构简单，放大倍数不高，只有 10~30 倍，可以观察一些小昆虫，如跳蚤等，因而有人称它为"跳蚤镜"。这种显微镜是用光线照明的，属于光学显微镜。对微生物的形态观察是从安东尼·列文虎克（Antonie van Leeuwenhoek，1632—1723）（图 1-7）发明显微镜开始的，他是真正看见并描述微生物的第一人，他的显微镜在当时被认为是最精巧、最优良的单式显微镜。他利用能放大 50~300 倍的显微镜，清楚地看见了细菌和原生动物，而且还把观察结果报告给英国皇家学会，其中有详细的描述，并配有准确的插图。1695 年，列文虎克把自己积累的大量结果汇集在《安东尼·列文虎克所发现的自然界秘密》一书里。他的发现首次揭示了一个崭新的世界——微生物世界，这在微生物学的发展史上具有划时代的意义。

图 1-7　安东尼·列文虎克

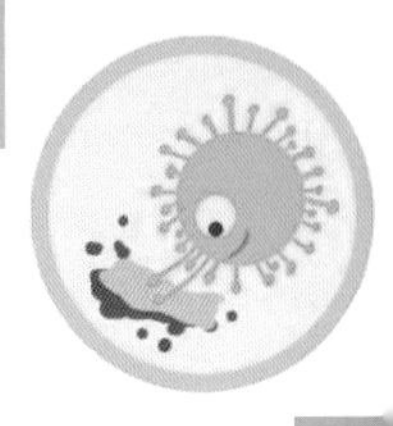

3）生理学发展阶段

在列文虎克揭示微生物世界以后的200年间，微生物学的研究基本上停留在形态描述和分门别类阶段。直到19世纪中期，以法国的巴斯德（Louis Pasteur，1822—1895）和德国的柯赫（Robert Koch，1843—1910）为代表的科学家才将微生物的研究从形态描述推进到生理学研究阶段，揭露了微生物是腐败发酵和引起人畜疾病的原因，并建立了分离、培养、接种和灭菌等一系列独特的微生物技术，从而奠定了微生物学的基础，同时开辟了医学和工业微生物学等分支学科。巴斯德和柯赫是微生物学的奠基人。

巴斯德（图1-8）原是化学家，曾在化学上作出过重要的贡献，后来转向微生物学研究领域，为微生物学的建立和发展作出了卓越的贡献。

图1-8　巴斯德

(1) 彻底否定了"自生说"。"自生说"是一个古老的学说，认为一切生物是自然产生的。到了17世纪，虽然对植物和动物的生长发育和循环的研究，使"自生说"逐渐削弱，但是由于技术问题，如何证实微生物不是自然产生的仍是一个难题，这不仅是"自生说"的一个顽固阵地，同时也是人们正确认识微生物生命活动的一大屏障。巴斯德在前人工作的基础上，进行了许多试验，其中著名的曲颈瓶试验无可辩驳地证实空气中确实含有微生物，是它们引起有机质的腐败。巴斯德自制了一个具有细长而弯曲的颈的玻璃瓶（图 1-9），其中盛有有机物水浸液，经加热灭菌后，瓶内可一直保持无菌状态，有机物不发生腐败；一旦将瓶颈打断，瓶内浸液中有了微生物，有机质就会发生腐败。巴斯德的试验彻底否定了"自生说"，并从此建立了病原学说，推动了微生物学的发展。

图 1-9　曲颈瓶

（2）免疫学——预防接种。詹纳虽然早在 1798 年就发明了可预防天花的种痘法，但他并不了解这个免疫过程的基本机制，因此，这个发现没能获得继续发展。1877 年，巴斯德研究了鸡霍乱，发现将病原菌减毒可诱发免疫性，以预防鸡霍乱病。其后他又研究了牛、羊炭疽病和狂犬病，并首次制成狂犬疫苗，证实其免疫学说，为人类防病、治病作出了重大贡献。

（3）证实发酵是由微生物引起的。究竟发酵是一个由微生物引起的生物过程还是一个纯粹的化学反应过程，曾是化学家和微生物学家激烈争论的问题。巴斯德在否定"自生说"的基础上，认为一切发酵作用都可能与微生物的生长繁殖有关。经过不断的努力，巴斯德终于分离得到了许多引起发酵的微生物，并

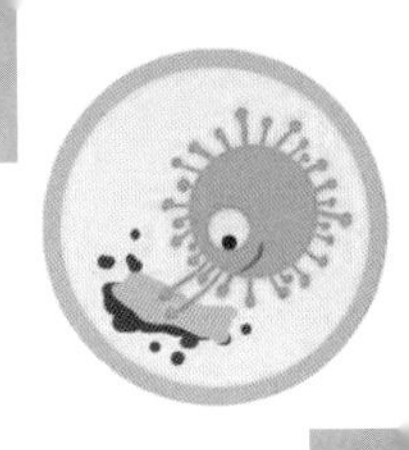

证实酒精发酵是由酵母菌引起的，同时还研究了氧气对酵母菌的发育和酒精发酵的影响。此外，巴斯德还发现乳酸发酵、醋酸发酵和丁酸发酵是不同细菌所引起的，为进一步研究微生物的生理生化奠定了基础。

（4）其他贡献。一直沿用至今的巴斯德消毒法（60~65 ℃短时间加热处理，杀死有害微生物）和家蚕软化病问题的解决也是巴斯德的重要贡献，这两项贡献不仅在实践上解决了当时法国酒变质和家蚕软化病的实际问题，而且也推动了微生物病原学说的发展，并深刻影响医学的发展。

柯赫（图 1-10）是著名的细菌学家，他曾经是一名医生，他对病原菌的研究作出了突出的贡献。

图 1-10　柯赫

①具体证实了炭疽病菌是炭疽病的病原菌。

②发现了肺结核病的病原菌。肺结核病是当时死亡率极高的传染性疾病，柯赫因此获得了诺贝尔奖。

③提出了证明某种微生物是否为某种疾病病原体的基本原则——柯赫

法则。

由于柯赫在病原菌研究方面的开创性工作，19 世纪 70 年代至 20 世纪 20 年代成为发现病原菌的黄金年代，科学家们所发现的各种病原微生物不下百余种，其中还包括植物病原菌。柯赫法则如下：病原微生物存在于患病动物中，而健康动物中没有；该微生物可在动物体外纯培养生长；当培养物接种易感动物时产生特定的疾病症状；该病原微生物可从患病的实验动物中重新分离得到，且在实验室能够再次培养，最终具有与原始菌株相同的性状。

④柯赫除了在病原菌方面的伟大成就外，在微生物基本操作技术方面的贡献更是为微生物学的发展奠定了技术基础。

这些技术如下：用固体培养基分离纯化微生物的技术，这是进行微生物学研究的基本前提，这项技术一直沿用至今；配制培养基的技术，这也是当今微生物学研究的基本技术之一。这两项技术不仅是具有微生物研究特色的重要技术，而且也为当今动、植物细胞的培养作出了十分重要的贡献。

巴斯德和柯赫的杰出工作，使微生物学作为一门独立的学科开始形成，并出现以他们为代表而建立的各分支学科，例如细菌学（巴斯德、柯赫等）、消毒外科技术（利斯特）、免疫学（巴斯德、梅奇尼科夫、贝林、埃尔利希等）、土壤微生物学（贝哲林克、维诺格拉斯基等）、病毒学（伊凡诺夫斯基、贝哲林克等）、植物病理学和真菌学（巴里、贝克莱等）、酿造学（亨森、乔根森等）以及化学治疗学（埃利希等）。微生物学的研究内容日趋丰富，使微生物学发展更加迅速。

4）生化发展阶段

此阶段以 1897 年德国人希赫纳（E. Büchner）用无细胞的酵母菌裂解液中的混合酶对葡萄糖进行酒精发酵为起点。贝哲林克（Martinus Beijerinck，1851—1931）对微生物领域的最大贡献是提出了富集培养的概念。贝哲林克用富集培养技术从土壤和水中分离得到许多纯种微生物，包括好气的固氮菌、硫化细菌、固氮根瘤菌、乳酸菌、绿藻和许多其他微生物。在研究烟草花叶病

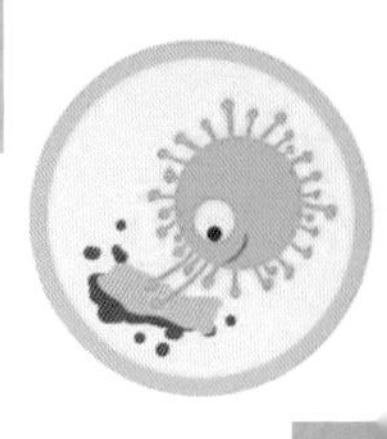

时，贝哲林克指出感染物（一种病毒）不是细菌，而是寄生在植物细胞中的一类微生物；实际上，贝哲林克描绘了病毒学的基本理论。维诺格拉斯基（Sergei Winogradsky，1856—1953）成功地分离了硝化细菌、硫化细菌等与氮、硫化合物循环有关的微生物，提出硝化过程是细菌作用的结果，提出无机化能自养和自养生物的概念；他还分离得到第一株厌氧固氮菌——巴氏固氮梭状芽孢杆菌，提出了细菌固氮作用的概念。

这个时期的特点包括：进入了微生物生化水平的研究；应用微生物的分支学科扩大，出现了抗生素等新的研究方向；开始出现微生物学史上的第二个"淘金热"——寻找各种有益微生物代谢产物的热潮；研究微生物基本生物学规律的综合学科——普通微生物开始形成；各相关学科和技术方法互相渗透，相互促进，加速了微生物学的发展。

5）分子生物学发展阶段

从 1953 年 4 月 25 日沃森（J. Watson）和克里克（F. Crick）在英国的《自然》杂志上发表关于 DNA（脱氧核糖核酸）的双螺旋结构模型起，整个生命科学就进入了分子生物学研究的新阶段，这同样也是微生物学发展史上成熟期到来的标志：微生物学从以应用为主的学科，迅速成长为一门十分热门的前沿基础学科。在基础理论的研究方面，微生物迅速成为分子生物学研究中最主要的对象；在应用研究方面，向着更自觉、更有效和可人为控制的方向发展。至 20 世纪 70 年代初，有关发酵工程的研究已与遗传工程、细胞工程和酶工程等紧密结合，微生物已成为新兴的生物工程中的主角。

2 我国微生物学的发展

我国是具有 5 000 年文明历史的古国，也是对微生物的认识和利用最早的国家之一，特别是在制造酒、酱油、醋等微生物产品以及用种痘、麦曲等进行防病治疗等方面具有卓越的成就。但在将微生物作为一门学科进行研究方面，我国起步较晚。中国学者开始从事微生物学研究是在 20 世纪之初，那时一批到西方留学的中国科学家开始较系统地学习微生物知识，从事微生物学研究。1910—1921 年，伍连德用近代微生物学知识对鼠疫和霍乱病原进行探索和防治，建立起中国最早的卫生防疫机构，培养了第一支预防鼠疫的专业队伍，这项工作在当时居国际先进地位。20 世纪 20—30 年代，我国学者开始对医学微生物学有了较多的试验研究，其中汤飞凡等在医学细菌学、病毒学和免疫学等方面的某些领域作出过较大贡献，例如沙眼病原体的分离和确认就是具有国际领先水平的开创性工作。20 世纪 30 年代，我国开始在高校设立酿造科目和农产品制造系，以酿造为主要课程，创建了一批与应用微生物学有关的研究机构。魏岩寿等在工业微生物学方面做出了开拓性工作，戴芳澜和俞大绂等是我国真菌学和植物病理学的奠基人，陈华癸和张宪武等对根瘤菌固氮作用的研究开创了我国农业微生物学，高尚荫创建了我国病毒学的基础理论研究和第一个微生物学专业。但总的来说，在中华人民共和国成立之前，我国微生物学的力量较弱且分散，未形成自己的队伍和研究体系，也没有自己的现代微生物工业。

中华人民共和国成立以后，我国的微生物学有了跨时代的发展，一批主要进行微生物学研究的单位建立起来了，一些重点大学创设了微生物学专业，培养了一大批微生物学人才，现代化的发酵工业、抗生素工业、生物农药和菌肥工作已经形成一定的规模。特别是改革开放以来，我国微生物学无论在应用还是基础理论研究方面都取得了重要的成果，例如我国抗生素的总产量已跃居世界首位，两步法生产维生素 C 的技术居世界先进水平。近年来，我国学者瞄准世界微生物学科发展前沿，进行微生物基因组学的研究，2000 年前后完成了痘苗病毒天坛株和辛德毕斯毒株（变异株）的全基因组测序。1999 年又启动了从我国云南省腾冲地区热海沸泉中分离得到的泉生热袍菌全基因组测序工作，取得可喜进展。我国微生物学进入了一个全面发展的新时期。但从总体来说，我国的微生物学发展水平除个别领域或研究课题达到国际先进水平，为国外同行承认外，绝大多数领域与国外先进水平相比，尚有相当大的差距。因此，

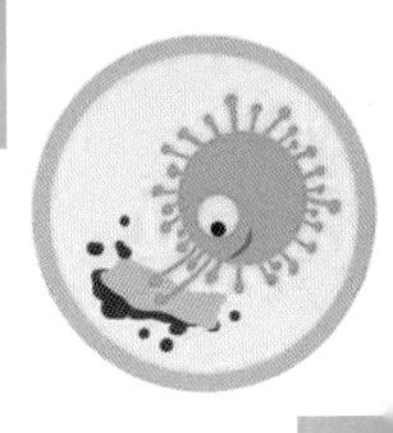

为发挥我国传统应用微生物技术的优势，紧跟国际发展前沿，赶超世界先进水平，还需更多艰苦的努力与付出。

3　21 世纪微生物学展望

20 世纪的微生物学走过了辉煌的历程，面对新的 21 世纪，展望它的未来，将是一幅更加绚丽多彩的立体画卷，在这画卷上也可能出现目前预想不到的闪光点。因此，我们在这里只能勾勒一下 21 世纪微生物学发展的趋势。

1）微生物基因组学研究将全面展开

基因组学于 1986 年由托马斯·罗德里克（Thomas Roderick）首创，至今已发展为一个专门的学科领域，包括全基因组的序列分析、功能分析和比较分析，是结构、功能和进化基因组学交织的学科。

如果说 20 世纪兴起的微生物基因组研究是给“长跑”中的人类基因组计划助一臂之力，那么 21 世纪微生物基因组学将继续作为人类基因组计划的主要模式生物，在后基因组研究（认识基因与基因组功能）中发挥不可取代的作用，此外还会进一步扩大到其他微生物，特别是与工农业及环境、资源有关的重要微生物。目前，已经完成基因组测序的微生物主要是模式微生物、特殊微生物及医用微生物。而随着基因组作图测序方法的不断进步与完善，基因组研究将成为一种常规的研究方法，从本质上认识微生物自身以及利用和改造微生物，产生质的飞跃，并将带动分子微生物学等基础研究学科的发展。

2）在基因组信息的基础上获得长足发展

以了解微生物之间、微生物与其他生物、微生物与环境的相互作用为研究内容的微生物生态学、环境微生物学、细胞微生物学等，将在基因组信息的基础上获得长足发展，为人类的生存和健康发挥积极的作用。

3）微生物生命现象的特性和共性将更加受到重视

微生物生命现象的特性和共性可概括为以下几个方面。

（1）微生物具有其他生物不具备的生物学特性。例如，微生物可在其他生物无法生存的极端环境下生存和繁殖，具有其他生物不具备的代谢途径和功能，如化能自养、厌氧生活、生物固氮和进行不释放氧的光合作用等，这反映了微生物的多样性。

（2）微生物具有其他生物共有的基本生物学特性。微生物的生长、繁殖、代谢与其他生物共用一套遗传密码，以及其基因组上含有与高等生物同源的基因，充分反映了生物的高度统一性。

（3）微生物具有易操作性。微生物具有个体小、结构简单、生长周期短、易大量培养、易变异、重复性强等优势，十分易于操作。

微生物具备生命现象的特性和共性，将是 21 世纪进一步解决生物学重大理论问题（如生命起源与进化、物质运动的基本规律等）和实际应用问题（如新的微生物资源的开发利用）的最理想的材料。

4）与其他学科实现更广泛的交叉，获得新的发展

20 世纪微生物学、生物化学和遗传学的交叉形成了分子生物学；而迈向 21 世纪的微生物基因组学则是数、理、化、信息等多种学科交叉的结果。随着各学科的迅速发展和人类社会的实际需求的提升，各学科之间的交叉和渗透将是必然的发展趋势。21 世纪的微生物学将进一步向地质、海洋、大气、太空渗透，使更多的边缘学科得到发展，如微生物地球化学、海洋微生物学、大气微生物学、太空（或宇宙）微生物学以及极端环境微生物学等。微生物与能源、信息、材料、计算机的结合也将开辟新的研究和应用领域。此外，微生物学的研究技术和方法也将会在吸收其他学科的先进技术的基础上，向自动化、定向化和定量化发展。

5）微生物产业将呈现全新的局面

微生物从发现到现在的 300 多年间，特别是 20 世纪中期以后，已在人类的生活和生产实践中得到广泛的应用，并形成了继动、植物两大生物产业后的第三大生物产业——这是以微生物的代谢产物和菌体本身为生产对象的生物

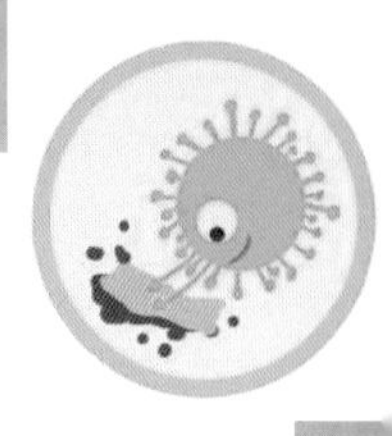

产业，所用的微生物主要是从自然界筛选或选育的自然菌种。21 世纪，在微生物产业方面，除了更广泛地利用和挖掘不同生境（包括极端环境）的自然资源微生物外，基因工程菌将形成一批强大的工业生产菌，生产外源基因表达的产物，特别是药物的生产将出现前所未有的新局面，结合基因组学在药物设计上的新策略，将出现以核酸（DNA 或 RNA）为靶标的新药物（如反义寡核苷酸、肽核酸、DNA 疫苗等）的大量生产，人类将完全征服癌症、艾滋病以及其他疾病。

此外，微生物工业将生产各种各样的新产品，例如，降解性塑料、DNA 芯片、生物能源等，在 21 世纪将出现一批崭新的微生物工业，为全世界的经济和社会发展作出更大贡献。

三、微生物与人类

微生物与人类关系密切，既能造福人类，也能给人类造成毁灭性的灾难。微生物无处不在，它们通常不被肉眼所见，却广泛存在于空气中、土壤里、水中、人们的皮肤和头发上、人们的口腔和肠道里、人们吃的食物内外。微生物使土壤肥沃，使环境清洁，它们对人类的食物有重要影响（通常是积极的影响），其中有些保护人们免受有害微生物的侵犯。然而，大多数人几乎意识不到它们的存在，除非他们生了病。被人们叫作"细菌"的微生物常常被认为是肮脏的、不受欢迎的东西，因为它们中有少数会让人生病，有少数会使食物变质。总的来说，微生物把一个迷人的微小生物世界呈现在人们面前，这些微生物联合起来可以完成地球上生命所能实现的全部过程，给人们的生活和周围环境带来深远的影响。

有些微生物是有益的，给人类带来巨大的好处。自然界中 N、C、S 等元素的循环需要通过有关微生物的代谢活动来进行。例如土壤中的微生物能将死亡动物、植物所含的有机氮化合物转化为无机氮化合物，以供植物生长的需要，而植物又为人类和动物所利用。因此，微生物对人类和动植物的生存、自然界的物质循环是有益和必需的。没有微生物，植物就不能进行代谢，人类和动物也将难以生存。

在农业方面，微生物可以用来生产肥料、农药、食品、能源和环保剂等，如含根瘤菌的肥料、沼气能源以及采用木糠床微生态制剂处理禽畜排泄废物等。在工业方面，可通过微生物发酵途径生产抗生素、维生素 C、有机酸、氨基酸、

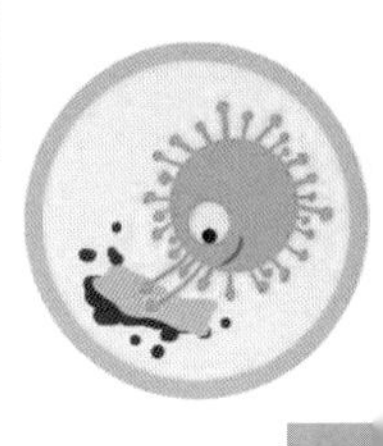

多元醇、多肽等。在石油工业中，可利用微生物进行石油勘探、开采、加工，以及处理被石油污染的土壤、海洋，这些方面都有很好的发展前景。例如在采油技术中，微生物发挥了令人难以想象的巨大作用。微生物可降低原油的黏度，增加原油的流动性，从而大大提高原油的采收率。此种技术成本低，设备简单，不伤害地层，不污染环境，而且效益显著。在环境保护方面，微生物可中和废水中的碱，氧化还原和分解水中的有机磷、氰化物、汞等，将其降解转化为无毒物质。在生命科学中，微生物被作为研究对象或模式生物，有关基因、遗传密码、转录、翻译和基因调控等都是在研究微生物的过程中发现和得到证实的。定向创建有益的工程菌，可为人类制造出多种多样的必需品。

正常情况下，寄居在人和动物呼吸道、消化道中的微生物是无害的，有的还能拮抗病原微生物的入侵。比如定植在肠道中的大肠杆菌等能向宿主提供必需的维生素 B1、维生素 B2、烟酸、维生素 K 和多种氨基酸等营养物质。通常把这些在人体各部位经常寄居而对人体无害的细菌称为正常菌群。有些微生物在正常情况下不致病，而在特定情况下会导致疾病，这些微生物被称为条件致病菌或机会致病菌。例如大肠杆菌在肠道中一般不致病，在泌尿道或腹腔中却可引起感染。其中还有一小部分可引起人类与动植物的疾病，这些具有致病作用的微生物被称为病原微生物。它们可引起人类的伤寒、痢疾、结核、破伤风、麻疹、脊髓灰质炎、肝炎、艾滋病、禽流感等，以及植物的小麦赤霉病、大豆病毒病等。微生物对人类最重要的影响之一是导致传染病的流行。在人类疾病中有 50% 是由病毒引起的。世界卫生组织公布的资料显示，传染病的发病率和病死率在所有疾病中占据第一位。

在疾病的预防和治疗方面，人类取得了长足的进展，但是新现和再现的微生物感染还是不断发生。例如，大量的病毒性疾病一直缺乏有效的治疗药物；一些疾病的致病机制并不清楚；大量的广谱抗生素的滥用造成了强大的选择压力，使许多菌株发生变异，导致耐药性的产生，人类健康受到新的威胁。一些分节段的病毒之间可以通过重组或重配发生变异，最典型的例子就是流行性感冒病毒。每次流感大流行，流感病毒都发生变异，这种快速的变异给疫苗的设计和疾病的治疗造成了很大的障碍。耐药性结核杆菌的出现使原本已基本控制住的结核感染又在世界范围内猖獗起来。病原微生物将长期与人类共存，人类自诞生以来就与微生物共存，一直到可预见的非常遥远的未来，都无法摆脱掉它们。

以人类基因组计划为代表的生物体基因组研究成为整个生命科学研究的前沿，而微生物基因组研究又是其中的重要分支，世界权威杂志《科学》曾将微生物基因组研究评为世界重大科学进展之一。通过基因组研究揭示微生物的遗传机制，发现重要的功能基因并在此基础上发展疫苗，开发新型抗病毒、抗细菌、抗真菌药物，将在传染病的诊断、治疗、预防等方面开创全新的理论及应用领域，将有效地控制新老传染病的流行，促进医疗健康事业的快速发展和壮大！

人们应该时刻意识到：在人类周围和机体内都有其他生命体与之共存。虽然人类与微生物的斗争会无止境地持续下去，但只要人们充分认识到自身所处的环境，认识到生态平衡对人类的好处，不要为了发展而牺牲环境，要坚持可持续发展战略，那么，人类就能够在这微生物的世界里更好地生存下去。由此可见，微生物与人类的关系非常密切，它不仅造福人类，也会伤害人类。人们应尽量减少或消除微生物对人类的消极影响，充分发挥微生物的积极作用，达到利用微生物为人类服务的最终目的。

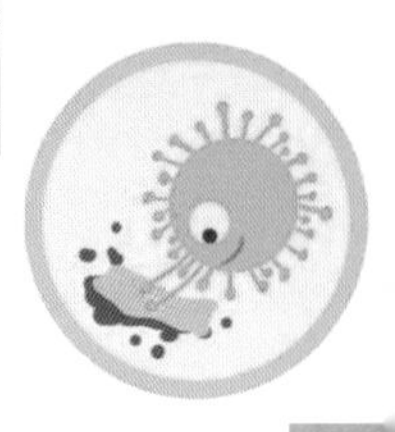

第二章

微生物与生命健康

Chapter 2

人类很早以前就知道用真菌产物来医治疾病。我们的祖先用豆腐上的“霉”治疗疮痈等感染，欧洲、墨西哥、南非等地，在数世纪前也用发霉的面包、玉米、旧鞋等治疗皮肤溃疡、创伤化脓和肠道感染等。在我国的传统药典中，从秦汉的《神农本草经》到明朝的《本草纲目》，更是详尽列举了民间流传的药用真菌，如灵芝、木耳、猪苓、马勃、茯苓、雷丸等，这些都是我国应用范围极广的药用真菌。灵芝更是被视为仙芝瑞草，但由于当时无法用微生物学的观点阐明，人们对这些真菌的作用原理并不清楚。微生物技术在医药中的理论研究与探索始于巴斯德时代，他研制的减毒疫苗或无毒疫苗开创了人类战胜传染病的新纪元，并奠定了现代免疫的基础。微生物代谢产物作为药物的开发应用始于20 世纪 40 年代青霉素的纯化与工业化生产，从此开启现代抗生素发酵工业；真正的抗生素时代是从发现链霉菌产生治疗肺结核的链霉素开始的，随后找到了治疗当时各种已知病原菌感染的抗生素。随着大量广谱抗生素投入临床使用，现在的细菌感染与抗生素使用初期比较已发生了明显的变化。

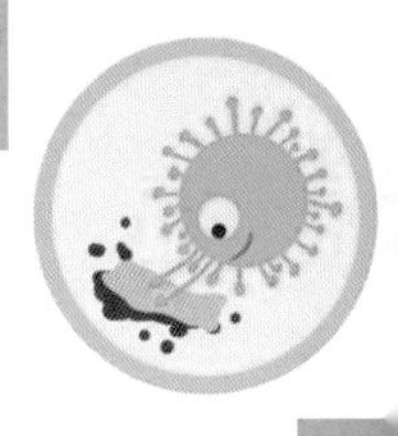

一、人体正常菌群与致病菌

人体正常微生物区系由微生物组成，多数为细菌，它们存在于与外部环境接触的体腔表面，如皮肤、口腔、呼吸道、胃肠道和泌尿生殖道，它们的数量巨大，是哺乳动物细胞数的10倍。正常菌群的组成在个体中因不同部位而有巨大的差异。

1 内源性感染

一般情况下，人体正常菌群与人类之间的关系是和谐的，处于平衡状态，宿主为菌群提供一个温暖、湿润、营养丰富的环境，菌群的存在也可防止致病菌定居，还可合成许多可被宿主利用的维生素（如烟酸、硫胺素、核黄素及维生素K等）。但在有些情况下，正常菌群与宿主之间的平衡被打破，正常菌群中的一部分微生物能引起宿主患病，称为机会感染或内源性感染。内源性感染的原因包括以下几点。

1）正常菌群突破上皮屏障

人体正常菌群被一道上皮屏障与其下面的无菌组织分隔，在某些部位仅有一层细胞。当这一屏障被破坏时，许多微生物就会进入无菌组织引起疾病。例如：外伤和烧伤处被金黄色葡萄球菌感染；阑尾穿孔或肠道手术后脆弱拟杆菌引起的腹膜炎；穿刺损伤后很多细菌引起的败血症和产气荚膜梭菌污染伤口引起的坏疽；刷牙时如果损伤与牙齿相连的软组织，细菌进入组织，也会引起短暂的菌血症。但是，对于多数健康人，细菌并不会轻易引起感染。

2）外源性生物体干扰了宿主的正常功能

人工心脏瓣膜和人造关节以及导管的使用有利于细菌聚集并形成生物膜，细菌生物膜对吞噬细胞的吞噬作用以及血液及血清的杀菌作用有抵抗性，宿主难以清除这些微生物（图 2-1）。

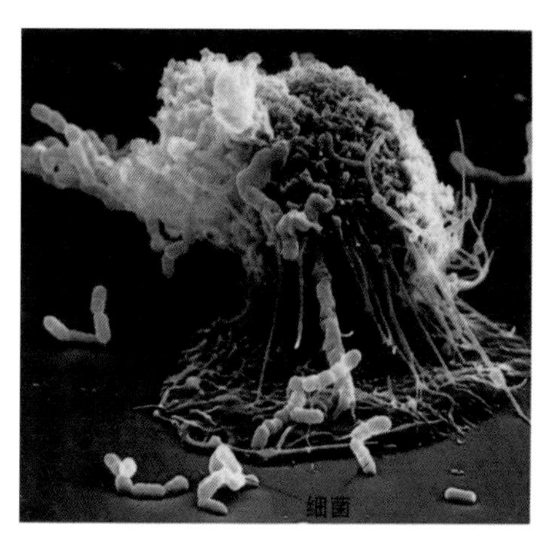

图 2-1　巨噬细胞捕捉细菌

3）正常菌群向不构成正常微生物区系的部位转移

20~40 岁的女性对结肠中正常微生物区系的细菌造成的泌尿生殖道感染特别敏感，这些细菌有大肠埃希菌、变形杆菌和克雷伯菌，其中大肠埃希菌是最常见的致病菌。此外，由吸入的食物、液体或胃内容物中的微生物进入上呼吸道所致的吸入性肺炎，也属于此情况。

4）使用抗肿瘤药物或放射治疗所致的免疫抑制

肿瘤治疗中应用的放射线或药物均可用来杀灭快速生长的细胞，包括部分免疫细胞，这些免疫细胞是人体防御细菌感染的主要成分之一（图 2-2），因

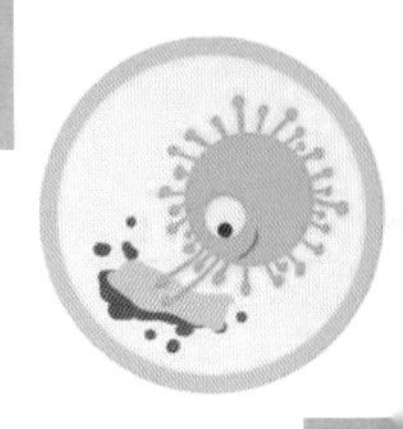

此这些治疗措施使患者易于遭受多种微生物的感染，如大肠埃希菌、克雷伯菌、假单胞菌、金黄色葡萄球菌和白念珠菌。

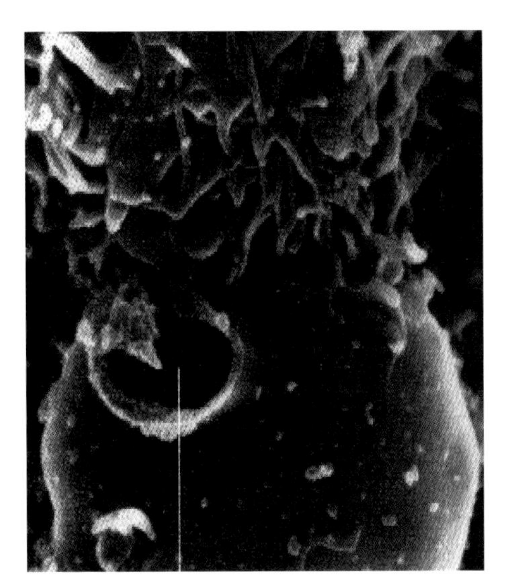

图 2-2 T 细胞攻击并杀死癌细胞

5）由于外源性病原体感染所导致的宿主免疫功能损害

人类免疫缺陷病毒（HIV）感染人体会严重损害宿主的免疫系统（图 2-3），这种情况下，正常微生物区系的成员如白念珠菌、卡氏肺囊虫、肺炎链球菌、金黄色葡萄球菌、棒状杆菌等也会造成感染。曾经引发世界性流行的流感病毒，可破坏上、下呼吸道表面的上皮细胞，从而削弱上皮细胞消灭细菌的能力，同时，该病毒还抑制肺泡巨噬细胞对细菌的吞噬作用，使金黄色葡萄球菌、肺炎链球菌和流感嗜血杆菌等正常微生物区系成员可生存并使人体感染，导致致死性肺炎。

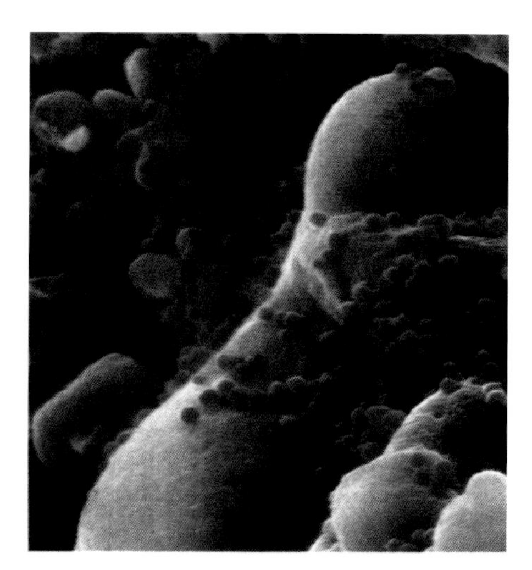

图 2-3　HIV 正在攻击辅助性 T 细胞

6）广谱抗生素对正常微生物区系成员的消除

多数部位的正常微生物区系，尤其是胃肠道和口腔部位的微生物区系非常复杂，通过对黏附部位和营养的竞争，微生物区系成员的数量维持在一个平衡状态。但这一平衡很容易被广谱抗生素（如四环素）所打破，造成耐药微生物如白念珠菌和艰难梭菌的过度生长，分别引起念珠菌病和假膜性结肠炎。

7）其他因素

人类常见的牙周疾病如牙龈炎（只感染牙龈）和牙周炎（感染牙齿的支持结构，如牙槽骨）就是由正常微生物区系成员引起的，某些因素的干扰可能有利于一种（或多种）引起牙周病的微生物繁殖达到致病数量。

2　外源性感染

能够在具有完整特异性和非特异性防御系统的个体中引起疾病的细菌一般称为致病菌（如图 2-4 所示的梭状芽孢杆菌）。虽然人类是强致病性微生物的

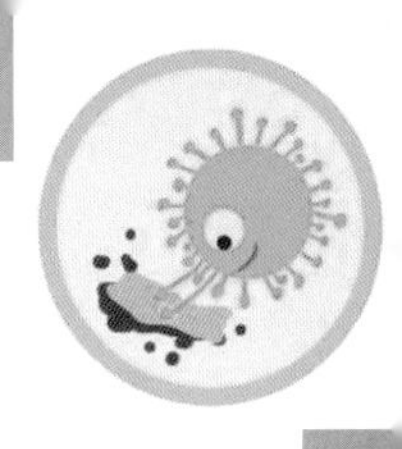

天然宿主，但强致病性微生物通常不是人类正常微生物区系的成员，如霍乱弧菌、结核分枝杆菌、志贺菌等；另一些是定居在其他动物体内的致病菌，如牛型分枝杆菌、炭疽芽孢杆菌、耶尔森菌等；还有存在于土壤（如破伤风梭菌）和水中（如假单胞菌）的种类；也有一些微生物可以定居于某些个体却不致病（这样的个体称为携带者），但是可被传播给易感的个体，如伤寒沙门菌和白喉棒状杆菌。

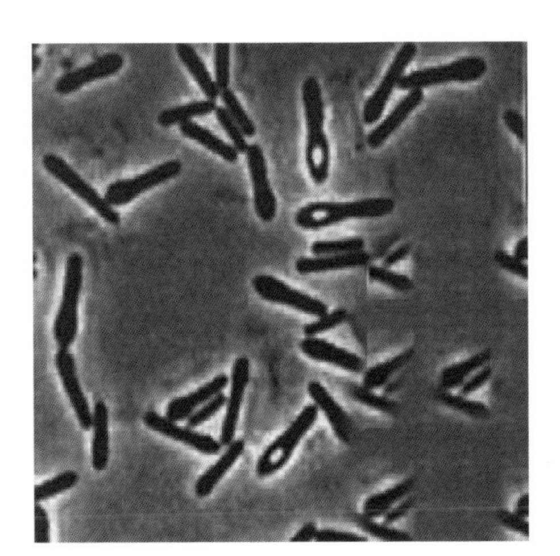

图 2-4　梭状芽孢杆菌

确定致病菌的复杂性在于从一个菌种中识别出不同的菌株，目前对这些菌株常依据它们的表型特征加以区别，而有些表型特征相似的菌株，在毒力方面有相当大的差异，环境因素也可明显影响微生物的表型，因此目前更加关注一个致病菌菌种中基因的变异。一种微生物的某些菌株可能构成正常微生物区系的一部分，而其他菌株可能有较高的毒力，常导致疾病。

二、病毒

1892 年，俄国植物生理学家伊万诺夫斯基发现，烟草花叶病原体比细菌还小（图 2-5），其能通过细菌过滤器，但在光学显微镜下不能观察到，故其被误认为细菌毒素。后来，贝哲林克独立重复了伊万诺夫斯基的实验，经研究确认烟草花叶病原体是一种比细菌更小的病原体，此后其被称为过滤性病毒。后来，相继发现了昆虫病毒、畜禽病毒、人的病毒、真菌病毒、细菌病毒（噬菌体）、支原体病毒等。自 1971 年起，人们又陆续发现了各种亚病毒，如类病毒、拟病毒、朊病毒等。以上类型的病毒、亚病毒统称为非细胞型微生物。

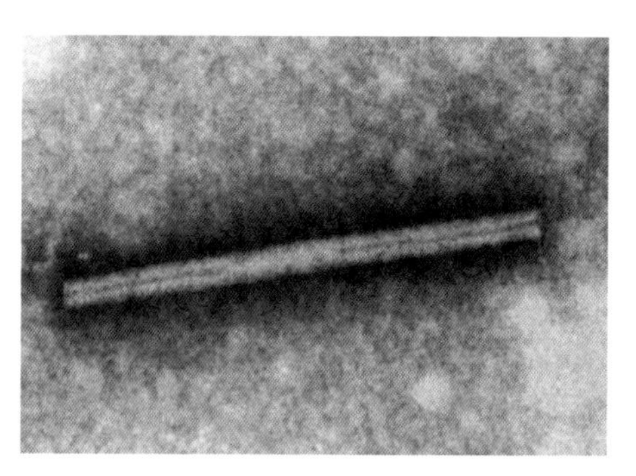

图 2-5　烟草花叶病毒（TMV）

病毒（virus）是介于生命和非生命之间的一种物质形式（图 2-6），当其处于活细胞之外时，没有任何生命特征，是一种能形成结晶的有机物分子，只有进入活细胞中，其才表现出生命的特征。病毒比细菌更微小，能通过细菌过

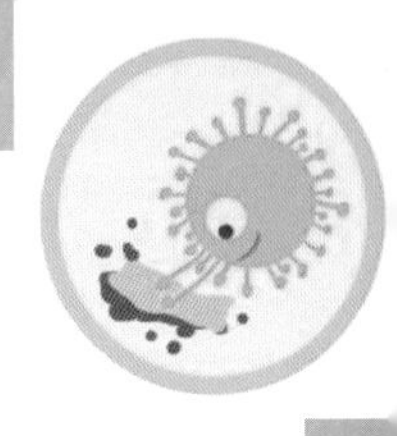

滤器，只含一种类型的核酸（DNA 或 RNA），是仅能在活细胞内繁殖的非细胞形态的微生物。

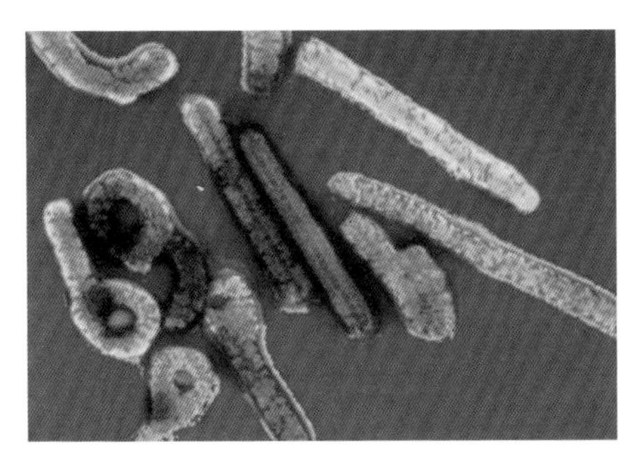

图 2-6 埃博拉病毒

1 病毒的生物学特性

作为一种特殊形态的生物，病毒区别于其他生物的主要特征如下。

(1) 无细胞结构，仅为核酸被包于蛋白质外壳之内的粒子。由于无细胞结构，因此没有个体生长和二分裂现象，缺乏酶系统或不完整，同时只对干扰素敏感，对抗生素不敏感。

(2) 化学组成简单，其主要成分为蛋白质和核酸，其中核酸为遗传物质，一种病毒只含一种核酸（DNA 或 RNA）。

(3) 形态极其微小，一般能通过细菌过滤器，用电子显微镜才可观察到。

(4) 严格活细胞内寄生，只能依赖寄主细胞进行自身的核酸复制，形成子代。

2 病毒的形态构造和化学组成

成熟的结构完整的单个病毒颗粒称为病毒粒子（virion）或毒粒。病毒粒子的形态多种多样（图 2-7），有球形（如腺病毒）、砖形（如痘病毒）、丝状（如麻疹病毒）、杆状（如烟草花叶病毒）、蝌蚪状（如 T4 噬菌体）、子弹状（如狂犬病毒）。病毒大小差别很大，以纳米（nm）为单位进行度量，最大的如痘病毒，直径可达 250 nm 以上，最小的如菜豆畸矮病毒，直径为 9~11 nm。一般病毒的直径约为 100 nm。

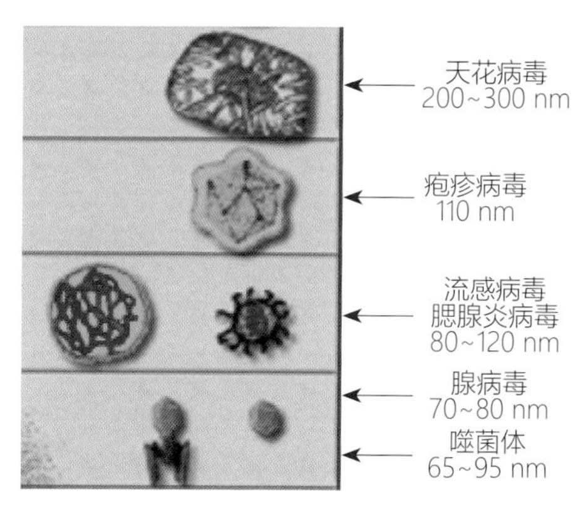

图 2-7 形态不同的病毒

一个完整的具有感染性的病毒粒子的主要成分是核酸和蛋白质（图 2-8）。核酸位于粒子的中心部分，构成病毒的核心，其外包围着由蛋白质构成的衣壳，核酸和蛋白质组成了病毒粒子的核衣壳。核酸包含病毒的遗传信息，控制着病毒的遗传、变异、复制和对寄主的感染性。一种病毒只含一种核酸，而且一个病毒粒子通常只含一个核酸分子。也有少数病毒含有两个或两个以上核酸分子，各个分子担负着不同的遗传功能，这些核酸称为分段基因组。动物病毒的核酸一部分为 DNA，一部分为 RNA；植物病毒的核酸一般为 RNA，少数为

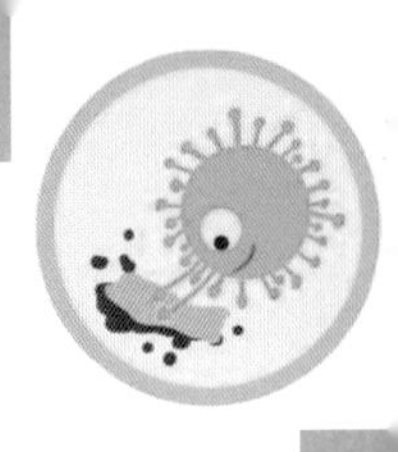

DNA；真菌病毒的核酸大多为 RNA，细菌病毒的核酸普遍为 DNA，极少数为 RNA。核酸为 DNA 的病毒称为 DNA 病毒，核酸为 RNA 的病毒称为 RNA 病毒。DNA 大多为双链且有线状或环状两种形态，RNA 大多为单链且呈线状。失去衣壳保护的核酸称为传染性核酸。由许多蛋白质亚单位组成的壳粒构成了病毒的衣壳。衣壳蛋白的主要功能是：构成病毒的结构，保护病毒核酸免遭破坏，在病毒的感染和增殖过程中起作用（如与易感细胞表面的受体结合，使病毒核酸穿入寄主细胞，引起细胞感染），作为病毒粒子的主要抗原成分等。每个壳粒又由一条或多条肽链组成，多肽链分子呈对称排列。各个壳粒之间以非共价键连接，并对称地缠绕在一起，形成不同的对称形式。

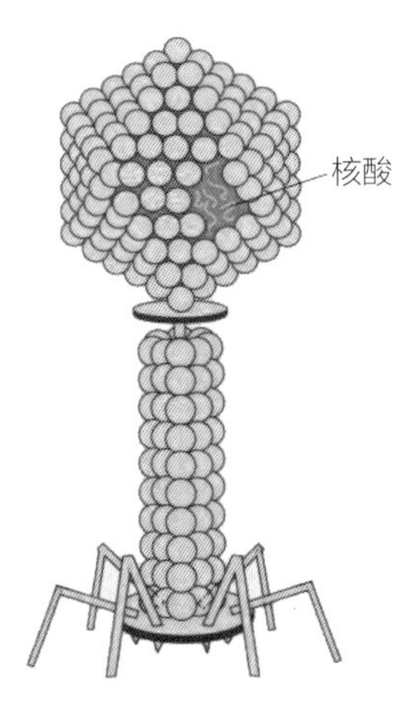

图 2-8　病毒结构示意图

三、微生物药物的主要类型

目前普遍认为微生物是具有潜在治疗效用的新结构化合物的无穷源泉，这是因为微生物分布广、种类多、易变异，同时可产生新颖的和多样的代谢产物。微生物的代谢产物可分为初级代谢产物、次级代谢产物和转化产物。

初级代谢产物是与菌体生长密切相关的产物，主要是构成细胞高分子物质（蛋白质、核酸、多糖、脂质、维生素）的单体物质，如氨基酸、核苷酸、有机酸、脂肪酸等，这些小分子化合物是高分子物质合成的单体，一般不能过量积累，因为菌体对这些中间产物的合成有严密的反馈调节，若超过生长所需的浓度，合成就会停止。为了生产这些重要物质，可通过选育突变菌株或增加关键基因拷贝数，提高其合成效率。

次级代谢产物是以初级代谢产物如氨基酸、有机酸等为原料而合成的，并非微生物生长所必需的物质，生物功能不明确，其合成常因环境条件变动而停止，其结构比初级代谢产物复杂，如抗生素、色素、胞外多糖等。

转化产物与初级代谢产物、次级代谢产物的区别在于，转化反应的底物不是微生物细胞的产物而是外源物质，微生物仅在其分子上进行加工，如在特定位置引入羟基、还原双键、脱氧或切断链等。如类固醇转化反应为合成可的松类固醇药物提供了简便的途径，目前转化反应已扩展到植物碱、芳香烃及杂环化合物等。

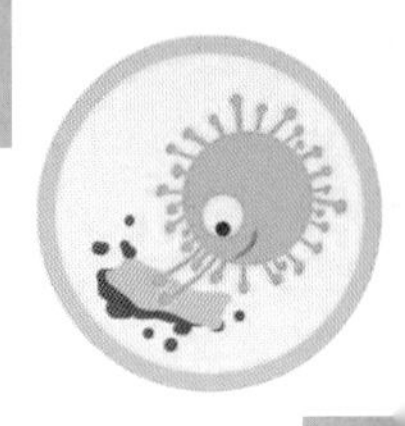

1 微生物菌体医药

疫苗在控制传染病中起到了重要作用。早在12世纪，我国就已经使用人痘疫苗预防天花，这是人类使用疫苗预防疾病的最早记录。自英国医生琴纳证明给人接种牛痘病毒能有效预防天花，以及巴斯德发明减毒炭疽菌苗和狂犬疫苗以来，疫苗学的研究有了很大发展。至今，仅成功用于人类疾病预防的疫苗就有20多种，这些疫苗的广泛使用，使曾经严重危害人类健康的疾病，如天花、脊髓灰质炎、麻疹、白喉、百日咳、结核等疾病的流行得到有效控制。

传统疫苗主要包括减毒活疫苗、灭活疫苗和利用病毒某些成分制成的亚单位疫苗。传统疫苗发展的早期主要通过对人患传染病后可产生抵抗力现象的观察以及对病原微生物致病能力的认识，从患者或感染动物中分离相应的病原微生物，通过人体实验确定保护效果，随着病原学、免疫学及病毒组织培养技术的发展，大量传统疫苗相继出现。随着免疫学技术的发展，可通过人体是否产生中和抗体判断疫苗是否有保护作用。几乎所有免疫保护机制明确、可产生中和抗体且易于培养的疫苗都获得了成功，对一些新出现的病原体，只要满足上述条件，使用传统疫苗技术也可迅速成功研制其疫苗。但对于免疫保护机制不明确、有潜在致癌性或免疫病理作用以及病原微生物不能或很难培养的疫苗，采用传统疫苗技术则很难成功研制疫苗。

按菌苗所含的成分，目前人群使用的菌苗有三类，即减毒的活菌苗、灭活的死菌苗与纯化的多糖或蛋白成分苗。减毒活菌苗，如卡介苗、伤寒菌苗Ty21a等，主要用于预防胞内菌感染。灭活菌苗指通过加热处理或甲醛、戊二醛等化学处理方法杀死活的菌体而制备的菌苗，如霍乱死菌苗、百日咳死菌苗等。灭活菌苗的主要优点是稳定，缺点是需多次免疫才能得到较好的保护效果。由荚膜细菌纯化荚膜多糖制成的多糖菌苗或从产外毒素细菌培养液中提取有毒性外毒素并经脱毒处理的类毒素苗，为多糖或蛋白成分苗，如肺炎链球菌23型多糖苗可诱导机体产生T细胞非依赖性抗体反应，产生IgM（免疫球蛋白

M）抗体。破伤风类毒素和白喉类毒素可诱导机体产生特异性抗体，保护效果达 95% 以上。

2 微生物产生的多糖

微生物产生的多糖分为胞内多糖、细胞壁多糖和胞外多糖三类。胞内多糖主要以糖原形式存在，起到贮存能量的作用。细胞壁多糖是维持细胞形态的结构性多糖，有些多糖与蛋白质或脂质物质结合，以糖蛋白或糖脂的形式存在。微生物荚膜含有的多糖称为荚膜多糖，荚膜多糖具有很强的生物学功能，可抵抗原生动物吞噬和噬菌体感染，增加细胞耐干燥的能力等。由于荚膜中的多糖在加热和搅拌下容易与细胞分离，所以荚膜多糖与胞外多糖很难区别。许多微生物都可产生胞外多糖，这些胞外多糖的生物学功能有很大不同。根据多糖结构和构成多糖的各种单糖的种类，多糖可以分为同多糖和杂多糖两大类。同多糖指由同一种单糖组成的多糖，杂多糖指由两种及以上单糖或衍生物通过糖苷键连接形成的多糖，常含有糖醛酸和糖的氨基酸、丙酮酸、硫酸等衍生物，因此杂多糖的结构比同多糖复杂。由于多糖类物质多数有良好的水溶性、增稠性、稳定性等，故其在医药领域有独特优点。还有一些微生物多糖具有免疫促进活性及抗肿瘤和抗病毒能力，在医药上也受到重视。

研究表明，多糖不仅能治疗使免疫系统受到抑制的癌症，以及多种免疫缺损疾病，如慢性病毒性肝炎和某些耐药细菌引发的慢性疾病，还可治疗诸如类风湿病之类的自身免疫病，有些能诱导产生干扰素。多糖药物的细胞毒性极小，其不是直接杀死肿瘤细胞，而是通过增强细胞和体液免疫反应达到抑制和消灭肿瘤的目的，故对正常细胞的影响很小。多糖在治疗肿瘤、代谢及感染性疾病方面的应用不断扩大，多糖的免疫疗法给近代肿瘤、艾滋病及其他疾病的治疗提供了思路。

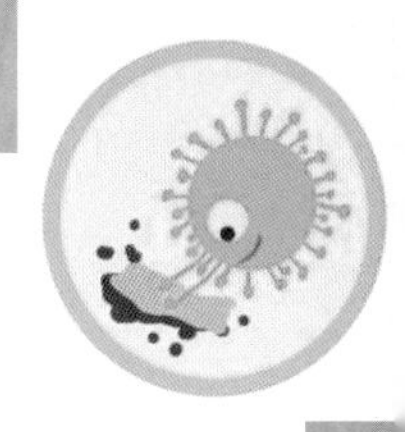

3 微生物次级代谢产物

据估计，得到鉴定的微生物初级代谢产物有 100 多种，次生代谢产物有 50 000 种（相对分子质量在 2 500 以下）。到 1995 年为止，已发现的 12 000 种抗生素中，55% 来自放线菌，12% 来自细菌，22% 由丝状真菌产生。目前全球有多家制药公司参与微生物次级代谢产物的筛选。新的生物活性物质的发现速度逐年提高，20 世纪 70 年代后期，每年报道有 200~300 种，1997 年后则增加到每年 500 种。次级代谢产物的生物合成不同于初级代谢产物的生物合成，其具有如下特征。

（1）大多数抗生素的生物合成是在产生菌的生长后期开始的。抗生素产生菌的生命活动有两个时期，即营养生长期和次级代谢产物形成期。当培养基中营养物质缺乏，菌体生长受到限制时，抗生素产生菌启动抗生素的生物合成。

（2）抗生素产生菌从营养生长期向代谢产物形成期转变时，在形态和生理上会发生一些变化。如一些产芽孢的细菌此时会形成芽孢，真菌和放线菌会形成孢子等。此外，菌体的生长速度、分支形态和菌球的大小也是影响抗生素合成的重要因素。

（3）同一种微生物的不同菌株能产生多种在分子结构上完全不同的次级代谢产物，如灰色链霉菌不仅产生链霉素，而且还可以产生柱晶白霉素、吲哚霉素等。同时，不同种类的微生物也能产生同一种次级代谢产物，如能产生青霉素的微生物有点青霉、产黄青霉、土曲霉、构巢曲霉和某些链霉菌等。

（4）由于参与抗生素生物合成的酶对底物的特异选择性不强，因此一种微生物的次级代谢产物大多是一组具有相似结构的化合物，这种特异性受产生菌的遗传因素与培养条件的影响，因此可通过菌种选育与优化发酵条件提高抗生素的产量。

（5）抗生素的生物合成过程是多基因控制的代谢过程，这些基因可位于微生物的染色体中，也可位于染色体外的遗传物质（如质粒）中，并且在某些抗生素生物合成过程中起主导作用。由于染色体外的遗传物质在外界条件的影响下易从细胞中丢失，因此产生的抗生素性状不稳定。

4 微生物转化药物

生物转化与初级代谢产物和次级代谢产物的生产不同，在技术上比较简单，传统的生物转化反应采用的微生物为细菌和真菌，一般真菌应用较多，可选择生长中的菌体、休止菌体、酶、固定化酶及固定化菌体进行转化反应。生物转化反应具有专一性：首先是反应专一性，指对底物和产物结构识别的专一性；其次是区域专一性，即在含有几个相同反应能力基团的底物分子中，仅在特定位点接受转化；此外，还有立体专一性，酶有区别消旋异构体的能力，仅对对映体之一起转化反应。应用生长菌体时，一般在菌体生长达到一定浓度时，将要转化的物质加入。为使转化反应迅速，底物需溶于发酵培养基，一般底物可配成浓溶液，经灭菌后，滴入发酵液中以获得最大转化率。如底物不易溶于发酵液，则需溶于乙醇、丙酮等对转化菌体无毒且可与水互溶的有机溶剂中，再加入发酵液。如果转化反应需要经历多个酶反应步骤或需要循环使用辅助因子，一般应用整体细胞进行转化。比较简单的转化反应，无须多个酶或辅助因子参与，一般采用酶制剂进行转化反应。应用休止菌体进行转化，若转化用酶属于诱导酶，在培养阶段需加入适宜的诱导物，如降胆固醇药物转化中，美伐他汀转化为普伐他汀需要底物诱导转化酶的存在。

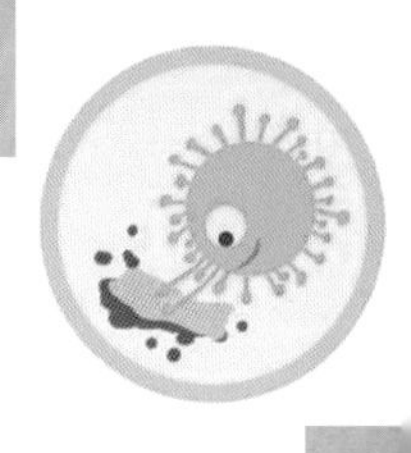

四、微生物基因组

1 基因组与基因组学

基因组是一个物种中所有基因的整体组成（图 2-9）。基因组学是指对所有基因进行基因组作图、核苷酸序列分析、基因定位和基因功能分析的一门科学，包括结构基因组学、比较功能基因组学和功能基因组学。结构基因组学代表基因组分析的早期阶段，以建立生物体高分辨率遗传、物理和转录图谱为主；

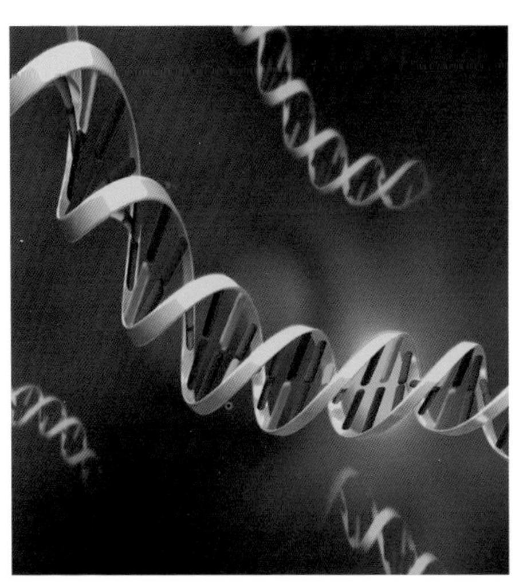

图 2-9　基因示意图

比较功能基因组学是在基因组图谱及序列测定的基础上，对已知的基因和基因组结构进行比较，以了解基因的功能、表达机理及物种进化的学科；功能基因组学往往又被称为后基因组学，它是利用结构基因组学提供的信息和产物，发展和应用新的实验手段，通过在基因组或系统水平上全面分析基因的功能，使得生物学研究从对单一基因或蛋白质的研究转向对多个基因或蛋白质同时进行系统研究的一门科学。

基因组学是在分子生物学发展的基础上建立起来的，分子生物学是从分子水平研究生物大分子的结构与功能从而阐明生命现象本质的科学，是生物学的前沿与生长点，其主要研究领域包括蛋白质体系、蛋白质 G 核酸体系和蛋白质 G 脂质体系。人类基因组计划（human genome project，HGP）是由美国科学家率先提出并于 1990 年正式启动的。美国、英国、法国、德国、日本和中国科学家共同实施了这一预算达 30 亿美元的项目，目标是要揭开组成人体 4 万个基因的 30 亿个碱基对的秘密。人类基因组计划与曼哈顿原子弹计划和阿波罗登月计划并称为三大科学计划。人类基因组计划的目的是解码生命，了解生命的起源，了解生命体生长发育的规律，认识种属之间和个体之间存在差异的起因，认识疾病产生的机制以及长寿与衰老等生命现象，为疾病的诊治提供科学依据。以人类基因组计划为代表的生物体基因组研究成为整个生命科学研究的前沿，而微生物基因组研究又是其中的重要分支。

微生物是包括细菌、病毒、真菌以及一些小型的原生动物等在内的一大类生物群体，它们个体微小，却与人类生活密切相关。微生物在自然界中可谓“无处不在，无处不有”，涵盖了众多种类，广泛涉及健康、医药、工农业、环保等诸多领域。从分子水平上对微生物进行基因组研究，为探索微生物个体以及群体间作用的奥秘提供了新的线索和思路，更能在此基础上发展一系列与人们的生活密切相关的基因工程产品，包括接种用的疫苗、治疗用的新药、诊断试剂和应用于工农业生产的各种酶制剂等。通过基因工程方法的改造，促进新型菌株的构建和传统菌株的改造，全面促进微生物工业时代的来临。鉴于微生

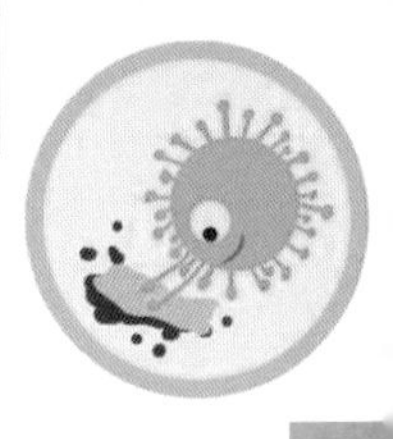

物在多领域发展中具有重要价值，因此许多国家纷纷制订了微生物基因组研究计划，对微生物基因资源的开发展开了激烈竞争。发达国家和一些发展中国家首先对人类重要病原微生物进行了大规模的序列测定，随后又对有益于能源生产、改善环境以及工业加工的细菌开展了基因组序列测定工作。我国是一个遗传资源大国，无论是在人群及其疾病，还是在动、植物及其病虫害方面，都有自己独特的资源优势。2009 年，我国科学家共同发起"万种微生物基因组计划"，预计在 3 年内完成 1 万种微生物物种全基因组序列图谱的构建，并以此为核心开展一系列基因组水平上的探索和研究。

2 微生物基因组研究目标

1）深化病原微生物致病机制的研究

对不同微生物进行基因组结构和功能基因的比较，促进对结构改变与功能变异之间的相关性研究，不断引导发现新的核心序列、特异序列及耐药位点，推动致病因子存在、发生、变异和调节规律的研究。结合生物信息学构建各种生理过程的数学模型进行研究，将深化对致病机制、耐药机制的认识，为防病治病奠定基础。

2）推动生命进化的研究

基因组遗传信息的解析推动了生命进化的研究。大量致病和非致病性微生物基因组的研究证明，基因的水平转移机制致使很多基因可在生物体中跨域分享，这对研究生物的系统发生很有意义。相信越来越多的基因组信息的积累和分析，将为研究生命进化提供更丰富的信息和更有力的证据。

3）开发诊断试剂，构建疫苗，筛选药物，为防病治病服务

以完整的基因组序列为基础，预测和筛选出新的、更特异的保护性抗原基因，在此基础上发展高效疫苗；鉴定新的毒力相关因子、调节因子，经过遗传学操作改造疫苗菌株、构建活疫苗以及发展基因工程菌载体的构建。以分子模

拟等生物信息学方法对小分子药物进行设计和筛选，以期获得针对性强、副作用小的良药。微生物的特异序列还可用于制备疾病的诊断试剂，结合大规模的检测方法，如基因芯片技术等，应用于疾病快速及时的诊断和分型，以及研究基因突变和多态性的存在。可以预见，这一领域的发展潜力巨大，前景广阔（图2-10）。

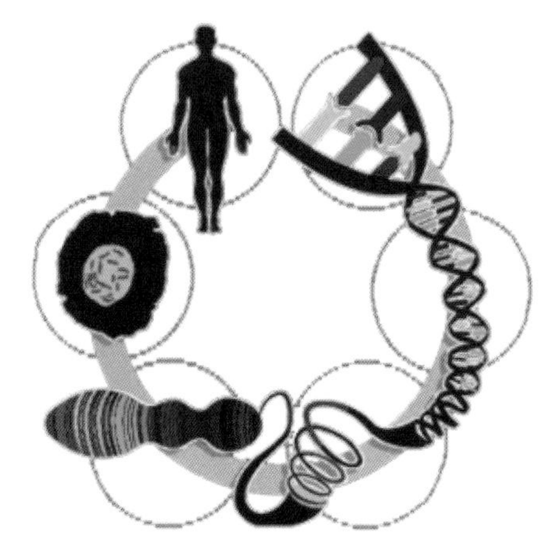

图 2-10　人类基因组示意图

4）促进传统工艺的改良和传统工农业的改造

基于微生物基因组的研究，将不断发现关键基因，明确关键基因的代谢机制尤其是相关酶基因及其蛋白产物，将蛋白制剂直接应用于生产过程或对基因进行遗传操作，改造菌株或构建新的基因工程菌，可扩大应用领域，改良或简化传统工艺步骤，提高生产效率，甚至以新的生物技术手段对传统工业进行现代化改造。对经济作物致病菌的基因组研究应逐渐加强，从分子水平上掌握致病规律，发展防治新对策；将微生物中抗冻、抗虫、耐盐碱、固氮等优良基因转入经济作物体内，减少化肥和农药的使用，同时发展生物杀虫剂，减少污染，不断提高农产品的产量和质量，促进传统农业的现代化改造。微生物基因组研

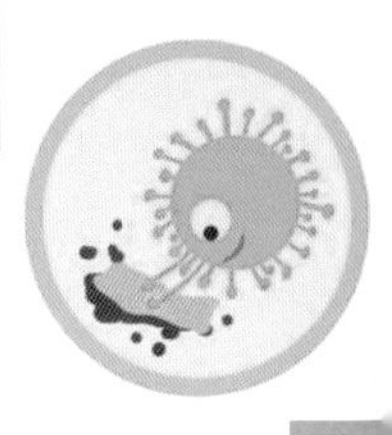

究成果，不仅可以极大推动理论科学的发展，还能以疫苗、新型药物、诊断试剂、极端酶等各种酶制剂、工程菌的多种形式广泛应用于生物医药、工农业生产、生物除污、传统工艺、工业的改良改造、新型生物技术的发生发展等诸多领域。以微生物为研究和开发主体的工业时代即将来临。其中，微生物基因组研究所开辟和发展的丰富资源，对这种新的微生物工业的形成和发展将产生巨大的推动作用。人们通过对基因组的研究，可以了解生物体的各种代谢过程、遗传机制和生命活动所需的基本条件以及生物特殊功能如致病性的遗传基础。微生物是地球上种类最多、分布最广、与人类关系最为密切的物种，也是工业生物技术的核心及重要的国际竞争战略资源。"万种微生物基因组计划"的研究领域涵盖工业微生物、农业微生物、医学微生物等，研究种类包括古菌、细菌、真菌、原生生物、藻类和病毒。该计划将推动我国微生物基因组学深入、系统研究，打造微生物全基因组的"百科全书"。完成"生命之树"计划的微生物分支，并带动相关学科及产业的发展。该计划的实施，将有力促进我国发酵业、制药业、食品加工业的升级换代，并推动新型生物能源、绿色制造、疫苗生产、环保产业发展，为解决"三农"问题，实现节能减排和生物安全，拉动内需提供重要支持。人类等生物的基因组研究结果表明，功能基因的数目远远少于原先的预测，就单纯新基因的筛选、克隆的研究而言，存在着争夺资源的问题。因此，争取发现新的功能基因和新的基因功能，获得相关的知识产权，已经成为当前生命科学领域世界各国竞相争夺的制高点。

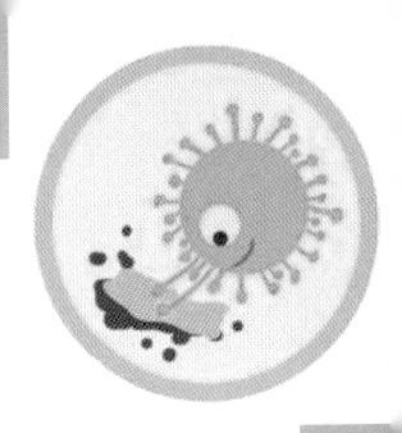

第三章

微生物与生物制造

Chapter 3

一、基因工程与合成生物学

1 基因工程

基因工程又称 DNA 重组技术，是指以分子遗传学为理论基础，以分子生物学和微生物学的现代方法为手段，将不同来源的基因按预先设计的蓝图在体外构建杂种 DNA 分子，然后导入活细胞，以改变生物原有的遗传特性，获得新品种，生产新产品。基因工程为基因的结构和功能的研究提供了有力的手段。基因工程包括上游技术和下游技术两大组成部分。上游技术指的是基因重组、克隆和表达的设计与构建（重组 DNA 技术），下游技术则涉及基因工程菌或细胞的大规模培养以及基因产物的分离纯化过程。基因工程和细胞工程、酶工程、蛋白质工程和微生物工程共同组成了生物工程。

1）基因工程的发展

受分子生物学和分子遗传学发展的影响，基因分子生物学的研究也取得了前所未有的进步，为基因工程的诞生奠定了坚实的理论基础。这些成就主要包括 3 个方面：第一，在 20 世纪 40 年代确定了遗传信息的携带者，即基因的分子载体是 DNA 而不是蛋白质，从而明确了遗传的物质基础问题；第二，在 20 世纪 50 年代揭示了 DNA 分子的双螺旋结构模型（图 3-1）和半保留复制机制，解决了基因的自我复制和传递的问题；第三，在 20 世纪 50 年代末和 20 世纪 60 年代初，相继提出了中心法则和操纵子学说，并成功地破译了遗传密码，

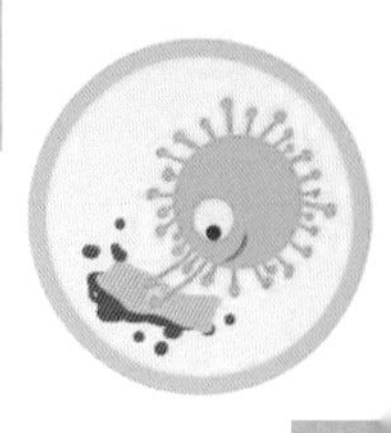

从而阐明了遗传信息的流向和表达问题。在 20 世纪 70 年代有两项关键的技术：DNA 分子的切割与连接技术。DNA 的核苷酸序列分析技术从根本上解决了 DNA 的结构分析问题，是重组 DNA 的核心技术。

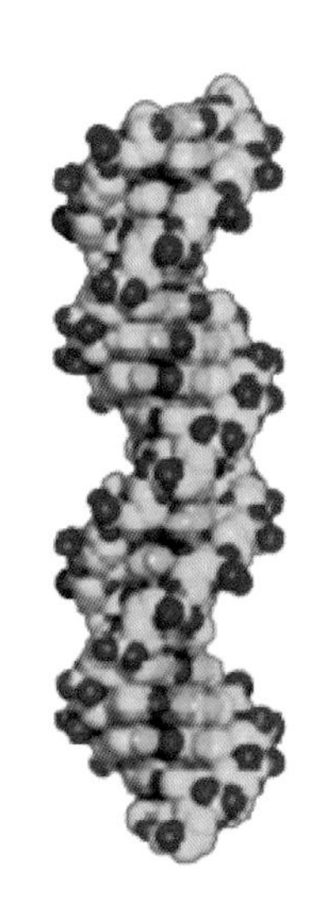

图 3 1 DNA 双螺旋结构

1975 年，世界上第一家基因工程公司“Genetech”注册登记，意味着基因工程的实际应用已进入商业运作的阶段。基因工程在 20 世纪取得了很大的进展，这至少有两个有力的证明：一是转基因动、植物；二是克隆技术。转基因动、植物由于植入了新的基因，具有原先没有的全新的性状，这引起了一场农业革命。如今，转基因技术已经开始广泛应用，如抗虫西红柿、生长迅速的鲫鱼等。1997 年，世界十大科技突破之首是克隆羊的诞生。这只叫“多利”的母绵羊是第一只通过无性繁殖产生的哺乳动物，它完全继承了给予它细胞核的那只母羊的遗传基因，“克隆”一时成为人们注目的焦点。尽管有着伦理和社会方面的忧虑，但生物技术的巨大进步使人类对未来有了更广阔的想象空间。进入 21 世纪，在基因工程发展的基础上，进一步发展了蛋白质工程、代谢工程和基因组工程。

2）基因工程的操作步骤

基因工程的操作步骤如图 3-2 所示。

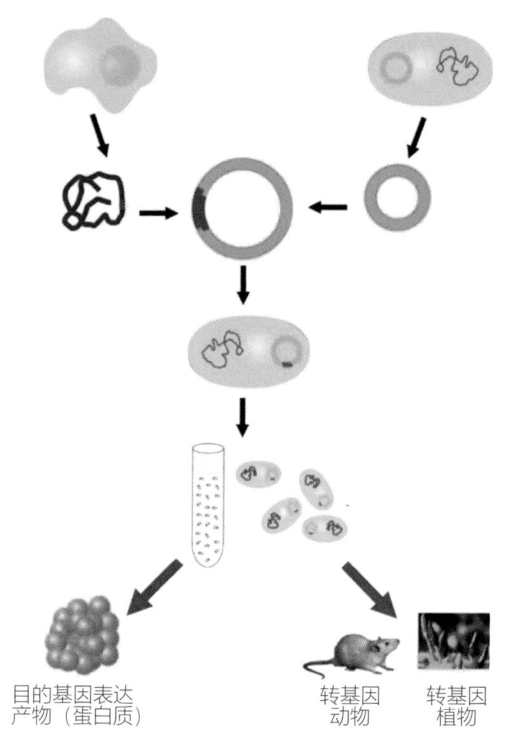

图 3-2　基因工程操作步骤示意

a. 提取目的基因

获取目的基因是实施基因工程的第一步。主要有两条途径：一是从供体细胞的 DNA 中直接分离基因；二是人工合成基因。

b. 目的基因与运载体结合

基因表达载体的构建是实施基因工程的第二步，也是基因工程的核心。

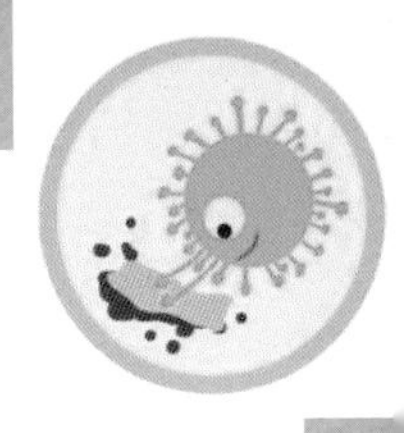

c. 将目的基因导入受体细胞

将目的基因导入受体细胞是实施基因工程的第三步。目的基因的片段与运载体在生物体外连接形成重组 DNA 分子后，下一步是将重组 DNA 分子引入受体细胞中进行扩增。

d. 目的基因的检测和表达

目的基因导入受体细胞后，是否可以稳定维持和表达其遗传特性，只有通过检测与鉴定才能知道。这是基因工程的第四步工作。

3）基因工程的应用

基因工程应用广泛，主要应用在转基因动植物、环境保护、基因工程药品的生产、基因治疗等方面。例如：我国已生产出生长快、耐不良环境、肉质好的转基因鱼；阿根廷生产出乳汁中含有人生长激素的转基因牛、转黄瓜抗青枯病基因的甜椒、转鱼抗寒基因的番茄、转黄瓜抗青枯病基因的马铃薯、不会引起过敏的转基因大豆。基因工程制成的"超级细菌"能吞食和分解多种污染环境的物质。胰岛素（图 3-3）是治疗糖尿病的特效药，长期以来只能依靠从猪、牛等动物的胰腺中提取，100 kg 胰腺只能提取 4~5 g 胰岛素，其产量之低和价格之高可想而知。将合成的胰岛素基因导入大肠杆菌，每 2 000 L 培养液就能产生 100 g 胰岛素。大规模工业化生产不但解决了这种比黄金还贵的药品的产量问题，还使其价格降低了 30%~50%。干扰素治疗病毒感染简直是"万能灵药"（图 3-4）。过去从人血中提取干扰素，300 L 血才能提取 1 mg，其珍贵程度自不用多说。基因工程人干扰素 αG2b（安达芬）是我国第一种全国产化基因工程人干扰素，它具有抗病毒、抑制肿瘤细胞增生、调节人体免疫功能的作用，广泛用于病毒性疾病和多种肿瘤的治疗，是当前国际公认的病毒性疾病治疗的首选药物和肿瘤生物治疗的主要药物。运用基因工程设计制造的"DNA 探针"检测肝炎病毒等病毒感染及遗传缺陷，不仅准确而且迅速。通过基因工程给患有遗传病的人体内导入正常基因可"一次性"解除病人的疾苦。

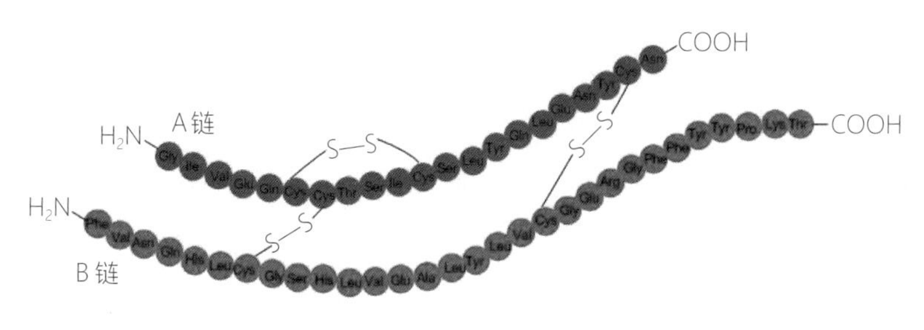

图 3-3　人胰岛素示意图

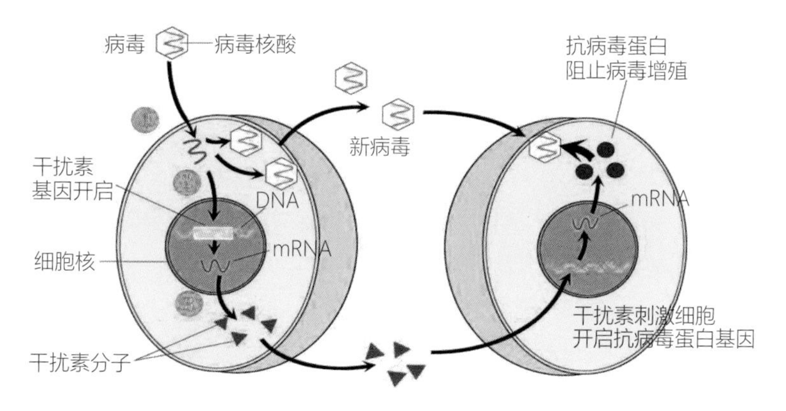

图 3-4　干扰素作用机理示意图

2　合成生物学

合成生物学是指人们将"基因"连接成网络，让细胞来完成设计人员设想的各种任务。例如把网络同简单的细胞相结合，可提高生物传感性，帮助检查人员确定地雷或生物武器的位置。再如向网络中加入人体细胞，可以制成用于器官移植的完整器官。

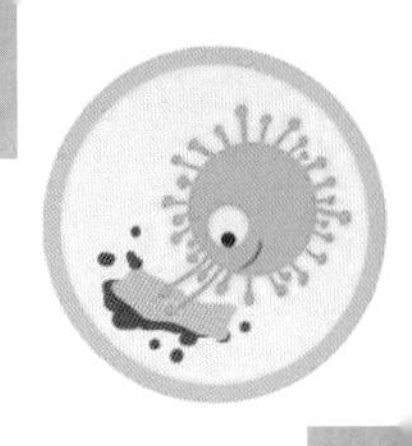

1）合成生物学的发展

“合成生物学”一词首次出现在1911年的《科学》杂志上，2000年以后在国内外各类学术刊物及互联网上逐渐大量出现。2004年，合成生物学被美国麻省理工学院（MIT）出版的《技术评论》评为“将改变世界的10大新技术之一”。2007年，美国生物经济研究协会发表了题为《基因组合成和设计未来：对美国经济的影响》的研究报告，其中指出合成生物学将比DNA重组技术发展得更快。美国国家科学基金会（NSF）2006年投入2 000万美元资助建立“合成生物学工程研究中心”，欧盟“合成生物学”项目也于2007年启动。我国以“合成生物学”为主题的科学会议于2008年5月在北京召开，首届合成微生物学学术研讨会于2010年9月在上海举行，对我国合成生物学的发展起到重要的推动作用。合成生物学的发展有可能推动生物产业成为继我国“汽车、房地产、旅游”三大支柱产业之后的第四个经济支柱产业。合成生物学在人类认识生命、揭示生命的奥秘、重新设计及改造生物等方面具有重大的科学意义，代表下一代的生物技术。人们认为合成生物学将会像信息技术一样得到迅速发展，将在能源、化学品、材料、疫苗等领域得到广泛应用，具有巨大的社会效益及经济效益。合成生物学的产业化应用已经初现端倪，据报道，美国两家企业已开始使用人工细菌生产生物燃料，制药公司赛诺菲-安万特公司已经获准使用合成生物学改造的啤酒酵母生产青蒿素。

2）发展合成生物学的基础理论

以系统生物学思想指导合成生物学理论发展。建立生物功能元件的分析与测试技术，包括结构元件和调控元件；鉴定（包括发现和整合）生物体（体系）功能模块、分子元件（组件资源），研究对其功能起决定作用的基因组组分结构及其调控机理（组件调控和被调控的定量信息及机理计算）。研究并进而设计和建造具有生物学功能的元件或反应系统、装置和网络，以及多元件组成的功能单位及其更高级复杂系统的组装等。尝试利用合成生物学方法，以“综合、整体”的思路，研究现代工业生物技术领域的若干难题。

3）建立合成生物学的基本技术

建立合成生物学所需要的核心工程技术，主要包括以下几个方面。

（1）建立微量、高并行和高保真的大片段 DNA 设计和合成技术，建立优化核酸编码、生物系统工作元件和生物系统调控元件技术，建立新生物功能元件设计制造技术。

（2）建立从单基因到代谢途径的基因全合成及应用的综合生化技术，包括大片段 DNA 的合成及在体外和体内的拼接、超级寄主细胞的构建、异源基因的高效可控表达等技术，实现技术整合。

（3）发展体外蛋白质的结构和活力检测技术以及蛋白质人工改造的工程技术，建立蛋白质体外人工生物合成体系，并建立相关的平行化、高通量技术体系。

（4）构建代谢网络和调控网络的系统检测和分析、设计技术，逐步发展、改造和设计体内构建系统，基于基因组数据库构建跨物种的生物合成路线数据库，建立合成路线设计软件等。

4）以重要产品为目标进行合成生物学设计和改造

针对我国在能源、环境、健康等方面面临的需求与挑战（如生物能源、重要代谢产品与生物基产品等），聚焦若干重要的工业生物体系，在分子和细胞等层次上，实施合成生物学的研究与技术开发。

a. 基于合成生物学的重大药物设计

针对重要抗肿瘤新药和生物农药，人工全合成或半合成抗生素的生物合成基因簇，构建超级寄主细胞，实现异源基因的高效、可控表达。

b. 基于合成生物学的能源产品设计

针对重要生物燃料、生物能源产品（如丁醇、氢），以能够利用廉价原料或高耐受性微生物作为生物燃料生产的寄主菌株，导入生物燃料的合成途径，获得能够高效利用木质纤维素热化学裂解产物的生物燃料生产菌株，实现生物燃料的高浓度生产，降低其发酵的生产成本。

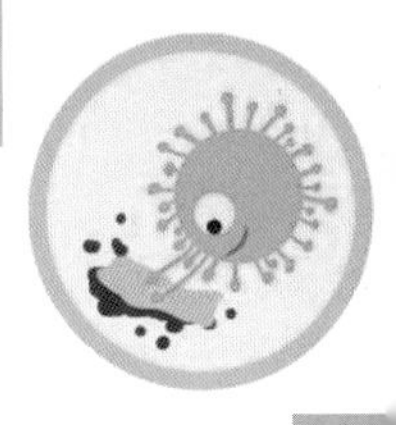

c. 基于合成生物学的分子机器设计和合成

综合高能量、高灵敏度的筛选以及比较基因组学、酶学、结构生物学、基因工程和蛋白质工程的理论和技术，引入研究蛋白质与配体相互作用的技术，通过设计、改造和合成获得高催化活性和高稳定性的重要工业用酶（如纤维素酶）。

3 从基因工程到合成生物学

基因工程通常只涉及少量基因的改造，比如将编码某种蛋白药物的单一基因转入酵母，然后用该酵母发酵生产该药物。代谢工程会涉及大幅度的基因改变，比如为在大肠杆菌中生产某种代谢产物（紫杉醇），必须把一系列相关途径的酶的基因全部导入大肠杆菌，并且敲除不必要和有害的大肠杆菌中原本就有的代谢通路，以构建出一整套大肠杆菌中原本没有的紫杉醇的代谢途径，使大肠杆菌能够生产紫杉醇。再如，在酵母人源糖基化的改造中，共敲除了酵母的大约 11 个基因，然后导入大约 5 个人类的糖基转移酶基因才初步实现。代谢工程的实质就是基因工程，只是涉及的基因改变的量远比基因工程巨大。而合成生物学的目标，则是试图采用从自然界分割出来的标准生物学元件（可被修饰、重组乃至创造），进行理性（设计）的重组（乃至从头合成），以获得新的生命（生物体）。例如，2007 年，有人将丝状支原体的几乎不带蛋白质的裸 DNA 移植到山羊支原体细胞中，首次实现了不同细菌种类的整个基因组的替换，将一种物种变为另一种物种，向从零开始构建简单的基因组迈出关键一步。再如，2008 年完全利用化学方法合成的长度达 582 970 bp 的全基因组克隆到酵母中，该工作向创造"人造生命"又迈进了一步。

至此，人工化学合成病毒和细菌基因组均已实现，这为运用合成生物学方法改造、构建新型细菌，以合成目标产物、降解有害物质等开辟了新的途径。合成生物学与基因工程明显不同的一处就是，前者特别注重代谢流的量化描述，讲究基因的协调表达和表达量的准确控制。如果说基因工程代表上一代生物技术，合成生物学则代表下一代的生物技术，并将在能源、化学品、材料、疫苗等领域得到广泛应用。合成生物学是生物科学在21世纪刚刚出现的一个分支学科，其目的在于设计和构建工程化的生物体系，使其能够处理信息、加工化合物、制造材料、生产能源、提供食物和处理污染等，从而应对人类社会发展所面临的挑战（图3-5）。迄今为止，由于资源分散、理论创新和技术整合不足，我国合成生物学研究基本上尚处于起步阶段。我们必须早做准备，从开始介入就要在生物安全、伦理、知识产权等方面建立必要的法规和制度，以保证合成生物学健康、快速发展。

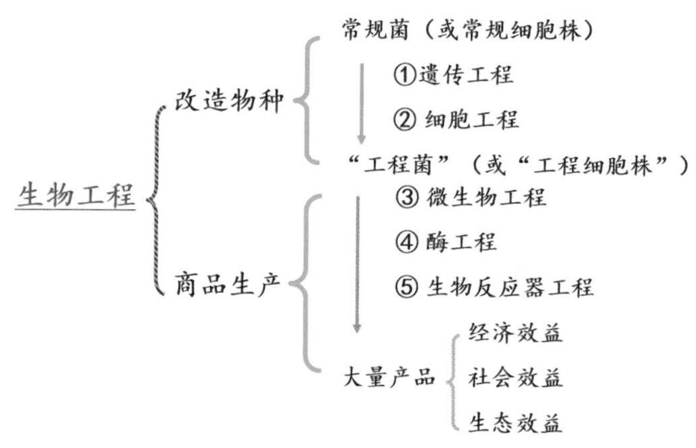

图3-5　生物工程的应用

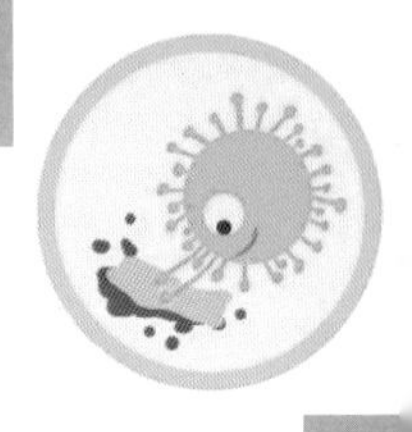

二、微生物与能源开发

作为可再生能源开发的主角，微生物在能源可持续开发中发挥了重要作用。

1 燃料乙醇

燃料乙醇是在微生物（主要为酵母菌）作用下，将糖类、谷物淀粉和纤维素等物质通过乙醇发酵生产出来的，具有燃烧完全、无污染、成本低等优点。很多国家都开发了这一工艺，巴西以甘蔗为发酵原料生产的燃料酒精直接用于汽车发动机。我国是继巴西、美国之后全球第三大燃料乙醇生产和消费国，主要以粮食作物中的玉米为原料进行生产。"十一五"期间我国政府提出生物乙醇要走以纤维素、半纤维素为原料的非粮路线，但水解酶成本过高是限制其产量提高的一个重要因素。此外，现有菌种大多乙醇耐受力差，副产物多，对发酵条件要求苛刻，今后的研究应致力于继续筛选优良性状的菌株，或利用基因工程手段选育高产纤维素酶、木质素酶菌种，优化发酵条件，辅以工艺措施的改进，提高燃料乙醇的生产效率并降低成本。

2 微生物油脂

微生物油脂（microbial oils）又称单细胞油脂（single cell oil，SCO），是酵母、霉菌、细菌和藻类等微生物在一定的条件下，以碳水化合物、碳氢化合物和普通油脂作为碳源，在菌体内产生的大量油脂。将之规模化生产，便可获得生物柴油。研究较多的油脂微生物主要有斯达氏油脂酵母（*Lipomyces-starkeyi*）、黏红酵母（*Rhodotorula glutinis*）、丝孢酵母（*Trichosporon cutaneum*）、曲霉属（*Aspergillus*）、深黄被孢霉（*Mortierella isabellina*）等。

3 沼气

沼气（biogas），主要成分为甲烷，世界各国普遍利用沼气燃烧和照明。沼气发酵是一个复杂的微生物学过程，需要发酵性细菌、产氢产乙酸菌、耗氢产乙酸菌、食氢产甲烷菌、食乙酸产甲烷菌五大类微生物共同作用（图 3-6）。在农村普及沼气技术，发展生态农业经济，在城市利用沼气发酵处理有机废水、固体有机废物，处理后的残渣还可用作无臭有机肥料，实现生物资源的最大利用，从而实现经济、社会、生态效益的统一。

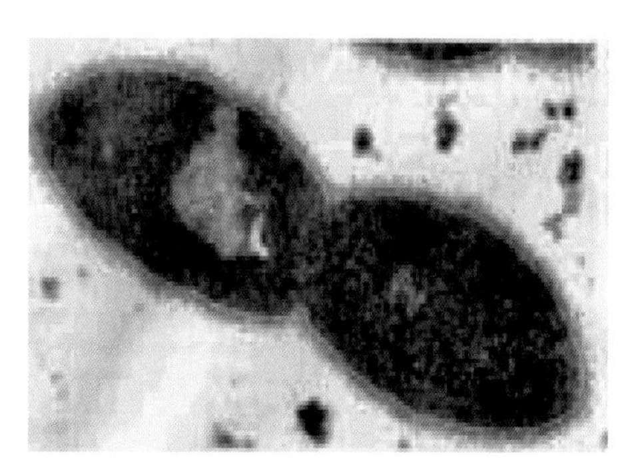

图 3-6　产甲烷菌

4 微生物强化采油

微生物强化采油（microbial enhanced oil recovery，MEOR）是指将地

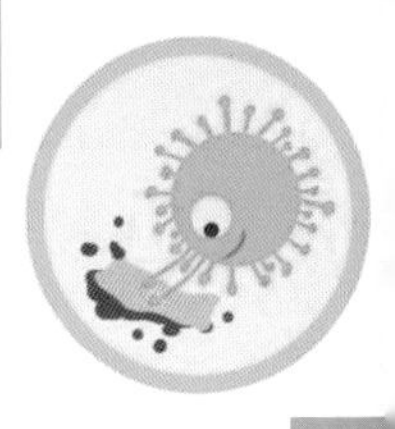

面分离培养的微生物菌液和营养液注入油层，或单纯注入营养液激活油层内的微生物，使其在油层内生长繁殖，产生有利于提高采收率的代谢产物以提高油田采收率的采油方法。采油菌主要有假单胞菌、芽孢杆菌（图 3-7）、微球菌、棒杆菌、分枝杆菌、节杆菌、梭菌、甲烷杆菌、拟杆菌、热厌氧菌等厌氧菌或兼性菌，代谢产物有生物气体、有机酸、表面活性剂、生物聚合物、醇、酮等。微生物采油可解决边远井、枯竭井的生产问题，提高孤立井的产量和边远油田的采收率，成本较低，具有良好的生态特性。

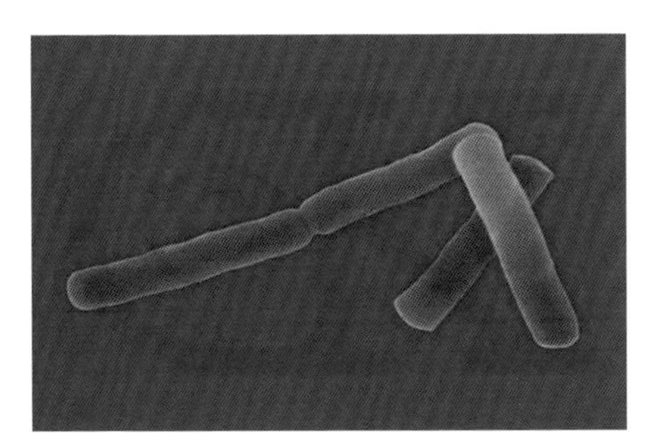

图 3-7　芽孢杆菌示意图

5　微生物制氢

微生物制氢（hydrogen bio-production）是一项利用微生物代谢过程生产氢气的生物工程技术，所用原料有阳光、水，或是有机废水、秸秆等，克服了工业制氢能耗大、污染重等缺点，同时由于氢气可再生、零排放的优点，是一种真正的清洁技术。根据微生物的种类、产氢底物及产氢机理，生物制氢可以分为蓝细菌和绿藻制氢、光合细菌制氢和细菌发酵制氢等 3 种类型。光合细菌制氢是光合细菌在光照、厌氧条件下分解有机物生产氢气的过程，是目前较有发展前景的生物产氢方法，不仅光转化效率高（理论转化效率为 100%），产氢过程不生成氧，还可利用较宽频谱的太阳光，并处理废水废弃物，净化环境。现有微生物制氢研究大多为在实验室内进行的小型试验，反应机理研究不透彻，距离工业化生产差距较大。

6 微生物燃料电池

电能是一类高品位能源。燃料电池是一种不经过燃烧，直接以电化学反应的方式将燃料的化学能转化为电能的高效发电装置。在化学能转化为电能的过程中，几乎不排放氮氧化物和硫氧化物，减轻了对大气的污染；不需要锅炉、汽轮发电机等庞大的成套设备，而且电池组件化，设计、制造、组装都十分方便。微生物燃料电池（microbial fuel cell，MFC）是利用微生物作为降解有机物质的催化剂，将有机物质中的化学能直接转化成电能的一种产电的装置（图3-8）。与常规燃料电池相比，MFC 以微生物代替昂贵的化学催化剂，因而具有更多的优点：①原料来源广泛，可利用储量丰富的生物质能，尤其可利用有机废水等废弃物；②反应条件温和，常温常压下即可运行，成本低，安全性好；③环境友好，无酸、碱、重金属等污染物产生，清洁环保；④因能量转化过程无燃烧步骤，原料可直接转化为电能，理论转化效率较高。微生物燃料电池一方面可以降解有机物，另一方面可以直接对外输出电能。由于是利用微生物的正常代谢活动进行的，因而避免了常规方式在处理污染物质时产生的二次污染物的排放问题，因其独特的价值和产能方式而逐渐成为催生新能源的增长点。MFC 技术是与传质学、微生物学、电化学、材料科学和环境工程学等科学领域交叉融合而发展起来的一种全新的电能生产技术，在污水处理、污染物处理、微生物传感器、脱盐海水淡化、电解制氢等方面具有巨大的应用前景。

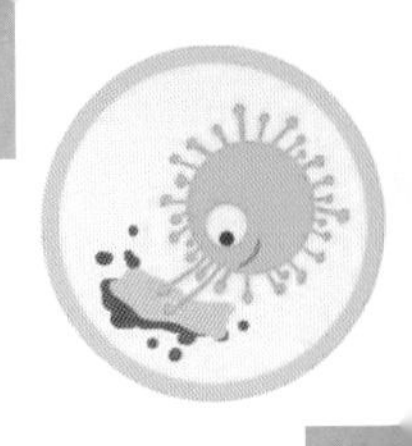

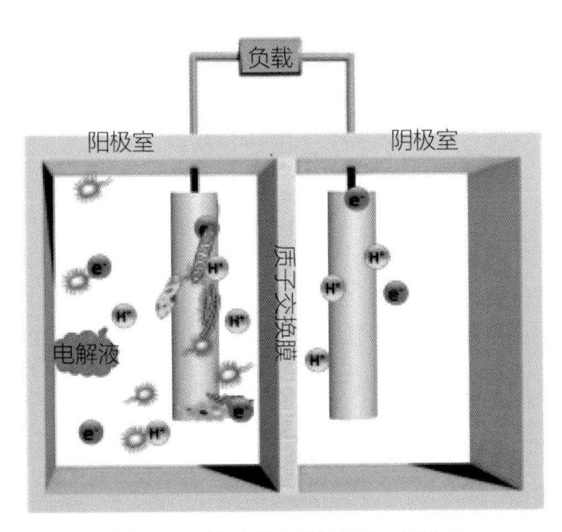

图 3-8 微生物燃料电池示意图

1）微生物燃料电池的基础

微生物燃料电池是以微生物作为催化剂，通过微生物的生长代谢作用，将有机物中的化学能转化为电能的装置。传统的微生物燃料电池指的是具有两个极室的双室电池系统，即由 4 个部分组成：阳极室、阴极室、质子交换膜和电解液。其中阳极室为厌氧槽，内置阳极电极供微生物附着生长，阳极表面附着有产电微生物膜，是 MFC 的核心构件。MFC 的阳极材料应具有导电性好、耐腐蚀、比表面积大和生物相容性高等特点。阴极室为好氧槽，作为氧气与电子反应的场所，通常会利用氧气泵向阴极液内曝气，以维持充足的溶解氧浓度。其工作原理为：在阳极室内生长富集的微生物群落以某些化学物质为电子供体将其氧化，分解有机物产生电子、质子及代谢产物，获得的电子流经细胞电子传递链，一部分为细胞生长代谢所利用，一部分被细胞色素 C、生物纳米导线或电子穿梭体传递到阳极表面。由于阴极和阳极之间的电势差，电子经由外电路负载及电流通路传递到阴极表面。微生物氧化作用释放出的质子一部分由于质子动势回流至胞内用于细胞 ATP（腺苷三磷酸）的合成，另一部分透过质子交换膜进入阴极室，在阴极表面与电子及氧气反应生成过氧化氢或水。此过程不断循环发生，电子不断产生、传递形成电流，伴随着阳极有机物不断的氧化和阴极氧化物连续的还原反应。当外电路连接了电阻或负载时，可以获得连续的电流和功率输出。细胞以 ATP 的形式获得生命活动所需的能量，从而完成 MFC 的生物电化学过程。

微生物燃料电池打破了微生物呼吸链电子的传递方向，利用电极作为细胞呼吸过程的终端电子受体，把电子从细胞内引到了细胞以外的外界环境，进而延伸到整个电池结构体系中。在 MFC 中，细菌与阴极终端电子受体分离，这样"迫使"细菌进行呼吸作用的唯一途径就是向阴极传递电子。电子转移到阴极使得阴极上的电子受体和呼吸酶之间产生了电位差。电子从阳极传到阴极，同时在电极之间产生相同数量的质子以保持体系内的电荷平衡。同其他任何化学反应过程一样，生物燃料电池的功率输出同时受到化学反应热力学和化学反应动力学过程的支配。

2）产电微生物

利用有机物维持生长的微生物，把氧化有机物获得的电子通过电子传递链传递到细胞外，直接或间接地通过介质（mediator）将电子传递到电极上产生电流，这种微生物就是产电微生物（electricigen）。对微生物燃料电池来说，微生物作为一个重要的组成部分是不可或缺的。在微生物燃料电池中，微生物为了获得生长所必需的碳源和能量，就需要降解阳极室中的有机物，将从有机物中释放出来的电子传递给氧化还原电势高的氧化物，达到产生电化学能量的效果。微生物燃料电池利用阳极微生物进行产电的过程，其实质就是脱氢、失电子或与氧结合的过程，在这过程中有酶、辅酶、电子传递体的作用。随着微生物性质的不同，MFC 利用的电子载体可能是与呼吸链有关的 NADH（还原型辅酶Ⅰ）和色素分子，也可能是外源的染料分子，或者微生物代谢过程中产生的还原性物质，如 S^{2-} 和 H_2 等。

目前，从微生物燃料电池中分离出的电化学活性微生物（图 3-9）以细菌为主，这些细菌隶属于变形菌门、厚壁菌门和酸杆菌门。这些细菌多

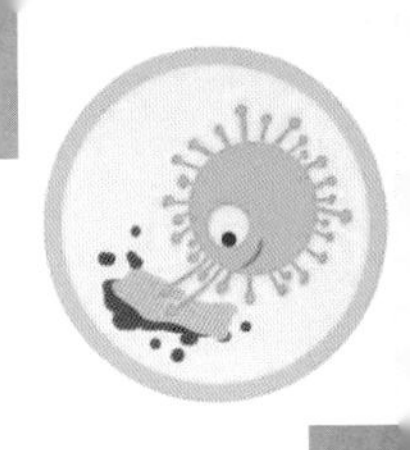

为革兰氏阴性短杆菌，兼性厌氧，具有无氧呼吸和发酵等代谢方式，可氧化糖类、有机酸等获得能量维持生长。这些产电微生物多数为铁还原菌，即以 Fe^{3+} 为呼吸链的最终电子受体。已报道的产电微生物包括α- 变形菌纲（Alphaproteobacteria）的沼泽红假单胞菌（*Rhodopseudomonas palustris*）和人苍白杆菌（*Ochrobactrum anthropi*），β- 变形菌纲（Betaproteobacteria）的铁还原红育菌（*Rhodofoferax ferrireducens*），γ- 变形菌纲（Gammaproteobacteria）的嗜水气单胞菌（*Aeromonas hydrophilia*）、铜绿假单胞菌（*Pseudomonas aeruginosa*）、希瓦氏菌（*Shewanella putrefactions* 和 *Shewanella oneidensis*），δ- 变形菌纲（Deltaproteobacteria）的硫还原地杆菌（*Geobacter sulfurreducens*）、金属还原地杆菌（*Geobacter metallireducens*）、丙酸脱硫叶菌（*Desulfobulbus propionicus*），此外还有厚壁菌门的丁酸梭菌（*Clostridium butyricum*）和拜氏梭菌（*Clostridium beijerinckii*），酸杆菌门（Acidobacteria）的 *Geothrix fermentans*，等等。

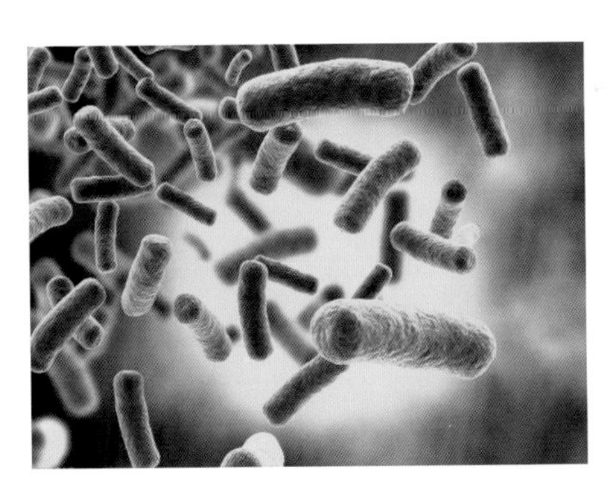

图 3-9　电化学活性微生物示意图

三、微生物冶金

微生物冶金（microbial metallurgy）又称生物冶金（图 3-10），是利用某些微生物或其新陈代谢产物对某些矿物和元素所具有的氧化、还原、溶解、吸附等作用，从矿石中溶浸金属或从水中回收（脱除）有价（有害）金属的技术。用微生物处理的矿石多为用传统方法无法利用的低品位矿、废石、多金属共生矿等。细菌浸出用于工业化生产的金属有铜、金、铀、锰几种，其具有生产成本低、投资少、流程简单、回收率高以及环境友好等特点。

图 3-10　微生物冶金

目前常用的浸出用微生物主要是氧化亚铁硫杆菌（*Thiobacillus ferrooxidans*）、氧化硫硫杆菌（*Thiobacillus thiooxidans*）、硫化芽孢杆菌（*Sulfobacillus*）、高温嗜酸古细菌以及真菌等。按微生物在冶金过程中的作用原理，微生物湿法冶金又可分为微生物浸出、微生物氧化、微生物吸附和微

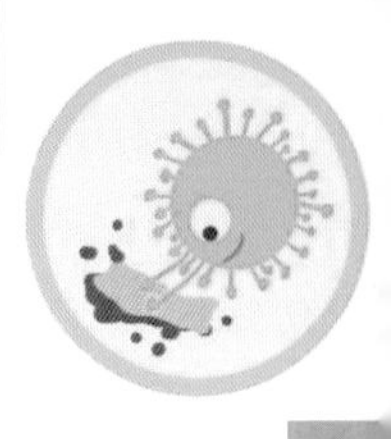

生物积累。目前以微生物浸出为主，微生物氧化近几年也开始逐渐得到应用。

1 微生物浸出

硫化矿的细菌浸出的实质是使难溶的金属硫化物氧化，使其金属阳离子溶入浸出液，浸出过程是硫化物中 S 的氧化过程。细菌浸出主要分为直接作用和间接作用两种。

（1）直接作用：细菌吸附于矿物表面，通过细菌细胞内特有的铁氧化酶和硫氧化酶对硫化矿直接氧化分解把金属溶解出来。反应方程式如下（式中 M 为 Zn、Pb、Co、Ni 等金属）：

$$2MS + O_2 + 4H^+ \rightarrow 2M^{2+} + 2S + 2H_2O$$

（2）间接作用：通过细菌作用产生硫酸和硫酸铁，然后通过硫酸或硫酸铁作为溶剂浸出矿石中的有用金属。例如，氧化硫硫杆菌和聚硫杆菌把矿石中的硫氧化成硫酸，氧化亚铁硫杆菌能把硫酸亚铁氧化成硫酸铁。其反应式如下：

$$2S+3O_2+2H_2O \rightarrow 2H_2SO_4$$

$$4FeSO_4+2H_2SO_4+O_2 \rightarrow 2Fe_2(SO_4)_3+2H_2O$$

而硫酸铁可将矿石中的铁或铜等转变为可溶性化合物从而使金属矿石中溶解出来，其反应式如下：

$$FeS_2\text{（黄铁矿）} + 7Fe_2(SO_4)_3 + 8H_2O \rightarrow 15FeSO_4 + 8H_2SO_4$$

$$Cu_2S\text{（辉铜矿）} + 2Fe_2(SO_4)_3 \rightarrow 4FeSO_4 + 2CuSO_4 + S$$

在金属硫化矿经细菌溶浸后，收集含酸溶液，通过置换、萃取、电解或离子交换等方法将各种金属加以浓缩和沉淀。

2 微生物氧化

金常以固 - 液体或次显微形态被包裹于砷黄铁矿、黄铁矿等载体硫化矿物中，对于难处理的金矿，应用传统的方法难以提取，很不经济。应用微生物可预氧化载体矿物，使包裹在载金矿体中的金解离出来，为下一步的氰化浸出创造条件，从而使金易于提取。

3 微生物吸附和微生物积累

微生物吸附是指溶液中的金属离子，依靠物理化学作用被结合在细胞壁的胺基、酰基、羟基、羧基、磷酸基等基团上。微生物积累是依靠生物体的代谢作用在体内积累金属离子。

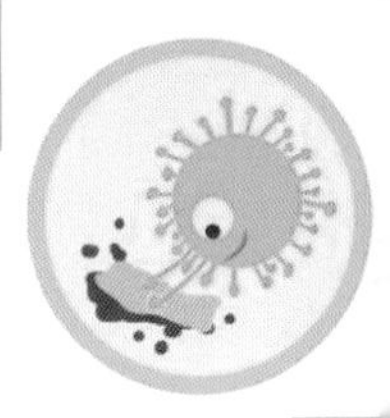

第四章

微生物与农业生产

Chapter 4

我国是一个传统的农业大国，在农业生产中对微生物的利用已经有数千年的历史，如沤肥等。在农业现代化进程中，对农业微生物资源的开发利用尤为重要。近年来，随着现代生物技术的不断进步，微生物作为一种重要的资源，已经被运用于农业生产的方方面面，以微生物饲料、微生物肥料和微生物农药等为代表的新型农业生产技术的研究和开发利用取得了长足进步，随之出现了被称为"白色农业"（white agriculture）的微生物资源产业化的工业型新农业。

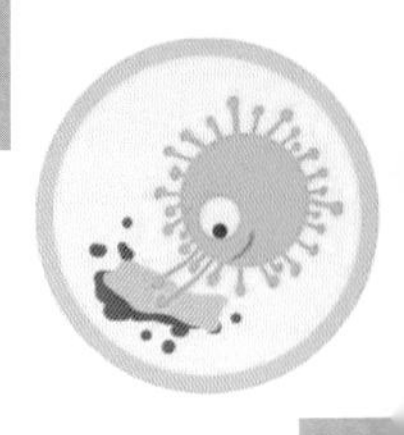

一、微生物肥料

微生物肥料，又称菌肥、菌剂、接种剂，是将某些有益微生物经人工大量培养制成的、含有活微生物的特定制剂，应用于农业生产中，能够获得特定的肥料效应。微生物肥料的功效是通过大量活的微生物在土壤中的积极活动来提供作物需要的营养物质或产生激素来刺激作物生长。有些肥料可以直接增进土壤肥力，减少化肥的使用量；有些肥料协助农作物吸收营养、增强植物抗病和抗旱能力。

1　微生物肥料的种类

根据微生物肥料的作用机理，可将微生物肥料分为两类：一类是狭义的微生物肥料，是指通过其中所含微生物的生命活动，增加植物营养元素的供应量，进而增加作物产量，代表品种是菌肥；另一类是广义的微生物肥料，不仅限于提高植物营养元素的供应水平，还包括它们所产生的次生代谢物质，能够促进植物对营养元素的吸收利用，或者发挥抗病、抗虫作用。

根据微生物肥料中微生物的种类，可将微生物肥料分为根瘤菌肥料、固氮菌肥料、硅酸盐细菌肥料、光合细菌肥料、微生物生长调节剂、复合微生物肥料、与促生根际菌类联合使用的制剂以及丛枝状菌根肥料、抗生菌 5406 肥料等。另外，按其制品成分可分为单菌株制剂、多菌株制剂，以及微生物加增效物（如化肥、微量元素和有机物等）。

根据微生物肥料的剂型，可把微生物肥料分为液体和固体两种。液体微生物肥料由发酵液直接装瓶，固体微生物肥料主要以草炭为载体，还有用发酵液浓缩后冷冻干燥的制品（图 4-1）。

斜面培养→摇瓶、茄子瓶培养 → 空气→
↓ ↓
配制培养基→灭菌→接种→发酵→发酵液
↓
草炭→干燥粉碎→灭菌→混合吸附→成品保存

图 4-1　固体微生物肥料的一般生产流程

2　微生物肥料的主要产品

微生物肥料的种类很多，现在推广应用的主要有根瘤菌类肥料、固氮菌类肥料、解磷解钾菌类肥料、抗生菌类肥料和真菌类肥料等等。这些生物肥料有的是含单一有效菌的制品，也有的是将固氮菌、解磷解钾菌复混制成的复合型制品，市场上除了根瘤菌类等少数肥料制品仅含单一的有效菌外，大多数制品都是两种或两种以上的微生物复合型的生物肥料。

1）根瘤菌肥料

根瘤菌（rhizobium）与豆科植物的共生固氮（symbiotic nitrogen fixation）是已知固氮效率最高的生物固氯体系（图 4-2 和图 4-3）。人工选育出来的高效根瘤菌株大量繁殖，随后将活菌和草炭等吸附剂混合后制成根瘤菌肥料，其具有肥效高、生产成本低并且不污染环境等优点。根瘤菌肥是我国最先施用的一种细菌肥料，其中以花生和大豆根瘤菌肥的施用最为普遍，在农业生产中发挥了巨大的作用。

根瘤菌有三个特性，即专一性、侵染性和有效性。专一性是指一种根瘤菌只能使一定种类的豆科作物形成根瘤；侵染性是指根瘤菌侵入豆科作物根内形成根瘤的能力；有效性是指根瘤菌的固氮能力。

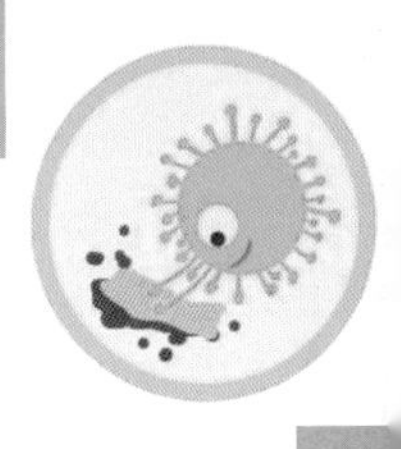

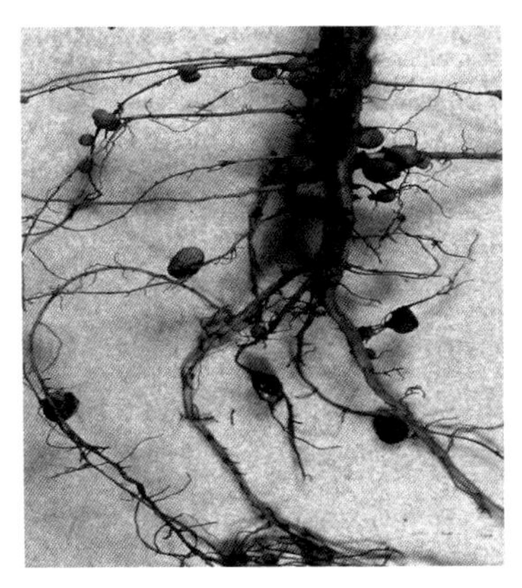

图 4-2　根瘤

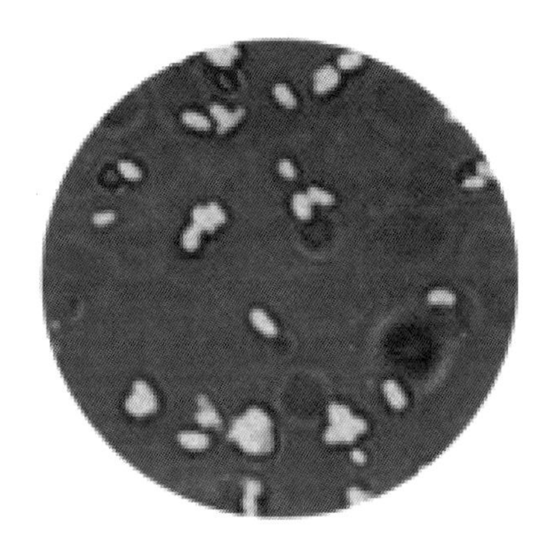

图 4-3　根瘤菌

提高根瘤菌接种剂增产效率的主要方法是选用固氮效率较高与竞争能力较强的优良菌株和改进施用方法。豆类作物在播种前用根瘤菌肥料拌种，使种子表面沾有大量根瘤菌，当种子萌发生根后，形成根瘤。在瘤内，根瘤菌成为能固氮的类菌体形态，并以其表达的固氮酶固氮，供根瘤菌自身使用，其他 3/4 供给豆科植物作为氮素营养。豆科作物从根瘤得到的氮素营养占其总氮素需要量的 30%~80%。经根瘤菌固定的氮素能提高土壤肥力，并供下季作物利用。

根瘤菌生产时所使用的标准培养基是以甘露醇为碳源的标准 YMB 培养基，其中也可以加入其他碳源，蔗糖是最常用的碳源。很多工农业副产物含有碳源或氮源，能够很好地充当根瘤菌的培养基，如干酪工业的副产物干酪乳清、麦芽工业的副产物麦芽、工业酵母提取物等。目前很多国家都采用发酵罐通气培养根瘤菌，培养温度为 25~28 ℃，发酵周期因菌种不同而不同，一般来说，生长速率较快的根瘤菌种如苜蓿、豌豆、三叶草、菜豆、紫云英根瘤菌，发酵周期为 48~72 h，生长速率较慢的根瘤菌如花生、大豆根瘤菌，发酵周期为 72~120 h，再被转入固体粉末载体中，经过成熟期的增殖和细胞适应之后，就形成了固体菌剂，其根瘤菌的含量因国家不同而满足的标准从 10^7~10^9 个 /g 不等。迄今国内外商业根瘤菌固体菌剂生产仍多以价廉质轻的草炭、蛭石和珍珠岩三种材料为载体，这些载体由于具有使用方便、保藏期较长、生产工艺简单和成本低廉等优点而被广泛推广应用。

2）固氮菌肥料

固氮菌肥料是特指由能够自由生活的固氮细菌或与一些禾本科植物进行联合固氮的细菌为菌种生产出来的固氮菌类肥料。固氮菌肥料对多种作物都有一定的增产效果，它特别适合于禾本科作物和叶菜类蔬菜施用。

能够进行自生固氮（free-living nitrogen fixation）和联合固氮（associative nitrogen fixation）的微生物资源很多，进行联合固氮的微生物也能进行自生固氮。自生固氮菌不与植物共生，没有寄主的选择，独立生存于土壤中固定空气中的游离分子态氮，将其转化为植物可利用的化合态氮素，一般固定的氮素能够满足自身的需求后，细胞内氨的浓度反过来会抑制固氮酶系统，固氮过程也就停止了。生活在植物根内、根表、根际的联合固氮的微生物，利用一些禾本植物（玉米、高粱）根分泌的糖类繁殖、固氮，能分泌到体外的氮素是极少的，所以它们固定的氮素量仍然是很少的。

固氮菌肥料对作物的作用除了固氮外，更重要的是产生能促进植物生长的物质，如圆褐固氮菌、雀稗固氮菌的细胞液中存在植物生长刺激物质，能增大根毛的密度和长度、侧根出现的频率及根的表面积。土壤的有机质含量、温度、酸碱度等因素均影响它的增产效果，与有机肥、磷钾肥及微量元素肥料配合施用，对固氮菌活性有明显的促进作用。

已经使用的或可能被作为菌种生产固氮菌肥料的微生物有：生脂固氮螺菌（*Azospirillum lipoferum*）、巴西固氮螺菌（*Azospirillum brasilense*）、拜氏固氮菌（*Azotobacter beijerinckii*）、圆褐（褐球）固氮菌（*Azotobacter chroococcum*）、棕色固氮菌（*Azotobacter vinelandii*）、雀稗固氮菌（*Azotobacter paspali*）、印度贝氏固氨菌（*Beijerinckia indica*）等（图 4-4）。

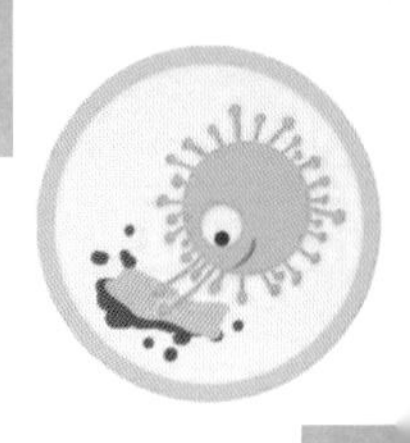

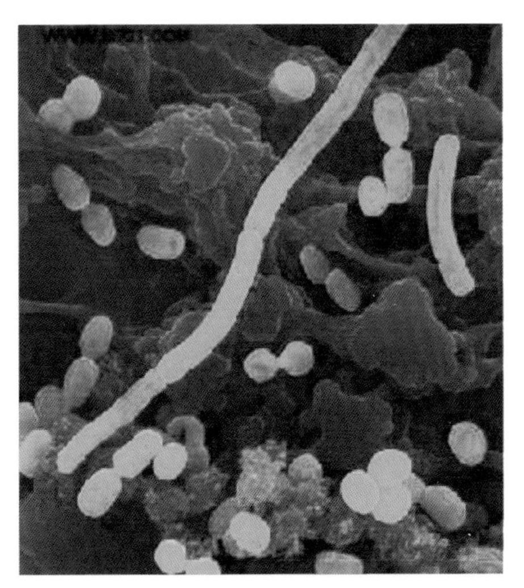

图 4-4 固氮菌示意图

目前国内生产的联合固氮菌肥料有液体瓶装的剂型和用草炭等载体吸附而成的固体剂型。液体瓶装的菌剂多是由发酵罐发酵结束后分装而成的，生产和使用方便，在距离生产工厂较近的地区可在播种前购买；由于发酵结束后培养液内的营养基本消耗殆尽，同时分装后条件改变，因此液体菌剂的保存时间较短。固体剂型多用载体吸附，所用的载体多由有机质含量丰富、易透气的物质组成，发酵结束时的液体菌吸附在载体里虽然也死亡一部分，但在合适的温度条件下细菌还能再繁殖，其数量还能继续增加，所以运输和储存方便，对于距离工厂远的地方，固体菌剂较液体菌剂更优越。

3）解磷细菌肥料

解磷细菌最直接的作用是使土壤中难溶性或不溶性的磷素转化成土壤溶液中的磷素。我国土壤缺磷的面积较大，约占总耕地面积的 2/3，除了人工施用化学磷肥外，施用能够分解土壤中难溶态磷的微生物肥料，使其在作物根际形成一个磷素供应较充分的微区，成为改善作物磷供应的一个重要途径，因此利用解磷细菌制成的菌肥具有重大开发应用价值。

有机磷酸盐主要依靠有机磷细菌在代谢过程中产生各种酶类进行分解，如核酸酶、植酸酶、磷酸酶，这些酶作用可使有机磷化合物分解成植物可以吸收利用的可溶性磷；有机磷酸盐还能被细菌产生的有机酸溶解，经水解作用可释放出游离磷酸盐。无机磷酸盐的溶解主要依靠磷细菌在代谢过程中分泌有机酸，如乳酸、羟基乙酸、柠檬酸和草酸等，使 pH 值降低，同时结合铁、铝、钙、镁等离子，从而使难溶性磷酸盐溶解。

磷细菌肥料中的微生物多属好气性微生物，目前研究报道较多的主要是解磷细菌，如巨大芽孢杆菌（*Bacillus megaterium*）、蜡样芽孢杆菌（*Bacillus cereus*）、短小芽孢杆菌（*Bacillus pumilus*）、氧化硫硫杆菌（*Thiobacillus thiooxidans*）、荧光假单胞菌（*Pseudomonas ßuorescens*）、恶臭假单胞菌（*Pseudomonas putida*）等，解磷细菌在土壤通气良好、水分适宜、pH 值为 6~8 的环境条件下生长最旺盛，有利于提高土壤中磷的有效性。在富含有机质的土壤中施用增产效果显著，在酸性贫瘠土壤中施用效果差，磷细菌肥料一般用作种肥施用。

将在实验室分离、筛选出的分解难溶性磷能力强的微生物在工业发酵条件下生产，制成微生物肥料。生产中应用最早、目前应用最广的解磷微生物是巨大芽孢杆菌和蜡样芽孢杆菌，假单胞菌中有一些种是动、植物病原菌，所以对此类微生物作为生产菌种应有明确的鉴定，至少须鉴定到种，确定是非病原菌后才能应用。解磷真菌由于工业化生产问题未能很好解决，使用受到一定的限制。

解磷微生物肥料的生产与一般微生物肥料的生产和质量要求相同，主要是固体吸附剂类型。由于一些菌种是产芽孢的，所以也有生产芽孢粉剂的。芽孢粉剂有容易使用、保存期长的优点。

4）硅酸盐细菌肥料

硅酸盐细菌肥料是指用胶质芽孢杆菌（又称胶冻样芽孢杆菌，*Bacillus mucilaginosus*）生产的硅酸盐菌剂或硅酸盐细菌肥料，许多企业将其称为生

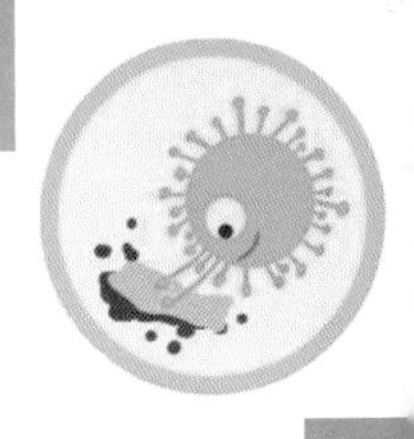

物钾肥。

硅酸盐细菌（silicate bacteria）又称钾细菌，它能强烈分解土壤硅酸盐中的钾，使其转化为植物可吸收利用的有效钾。此外，还兼有分解土壤中难溶性磷的能力。有人认为菌体和发酵液中存在刺激作物生长的激素类物质，在根际形成优势种群，可抑制其他病原菌的生长，因而达到增产效果。但是对它们分解释放可溶性钾对作物是否有实际意义还有不同看法，需要进一步研究、验证。

钾细菌肥料可作为基肥施用，与有机肥混合施用效果更好，也可通过拌种或蘸根施用。农田施用钾细菌肥料不仅能改善作物的营养条件，同时还可降低小麦叶锈病、大麦锈病及玉米锈病的发病率，提高作物的抗逆性。

5）其他微生物肥料

a. 促生根际菌

能够促进植物生长、防治病害、增加作物产量的微生物被称为促生根际菌（plant growth-promoting rhizobacteria，PGPR）。PGPR 对土壤中有害病原微生物与非寄生性根际有害微生物都有生物防治作用，能促进植物吸收利用矿物质营养，并可以产生有益于植物生长的代谢产物，从而促进植物的生长发育。目前商业化生产的 PGPR 生物制剂菌种有荧光假单胞菌、枯草芽孢杆菌、放射形土壤杆菌（*Agrobacterium radiobacter*）等 20 多个种属。

目前 PGPR 生物制剂的有效成分主要有两种：活体微生物和 PGPR 代谢产物制剂。前者应用活菌体，定殖于植物根系，直接进行植物病害的防治；后者应用 PGPR 在深层发酵过程中的代谢产物，直接针对植物病原菌或针对病原菌的代谢产物如抗生素、细菌素、溶菌酶等，其作用主要为抑菌或杀菌，或针对寄主植物的代谢产物，称作激发子（elicitor），其主要作用是激发寄主植物产生防卫反应。

b. 光合细菌肥料

光合细菌（photosynthetic bacteria，PSB）是一大类地球上最早的能进行光合作用的原核生物的总称。目前在农业上应用的光合细菌主要有荚膜红细菌（*Rhodobacter capsulatus*）、类球红细菌（球形红杆菌，*Rhodobacter sphaeroides*）、深红红螺菌（*Rhodospirillum rubrum*）等。通过喷施、蘸秧、灌根处理小麦等粮食作物及蔬菜瓜果等，发现光合细菌肥料对根、叶的生长具有明显的促进和增产效果，另外光合细菌还用于污水净化处理、鱼虾饵料等方面。

c. 丛枝状菌根肥料

丛枝状菌根（*Arbuscular mycorrhiza*，AM 菌根）的菌丝具有协助植物吸收磷素营养的功能，另外还可以促进硫、钙、锌等元素及水分的吸收。在纯培养未能突破的情况下，国内外的研究者利用各种方法人为培养大量接种 AM 菌根的植物根，然后以这些侵染了 AM 菌根的植物根段和有大量活孢子的根际土为接种剂去接种作物，获得了较好的增产效果。目前已有小规模的田间应用，并用于接种名贵花卉、苗木、药材和经济作物。

d. 抗生菌肥料

5406 抗生菌肥料是用细黄链霉菌（*Streptomyces microflavus*）为菌种生产的放线菌肥料，从 20 世纪 50 年代开始研究，后来发展到大规模应用，由于产品质量控制问题后来又逐渐销声匿迹。近几年一些企业在使用的菌种、生产工艺等方面进行了改进，其应用效果得到了稳定提高。

3　微生物肥料存在的问题及发展趋势

目前，我国微生物肥料生产中还存在着产品质量不稳定、品种少、抗逆性差、生产工艺较差、成本和价格较高等问题。因此在以后的研究和开发利用中，应加强基础理论研究，如菌株的筛选、多功能工程菌的构建等，不断开发新的微生物肥料品种，同时开发和研制微生物肥料专用机械设备，大力发展微生物肥料加工业，在复合菌的生产使用上要注意菌与菌之间的拮抗问题。

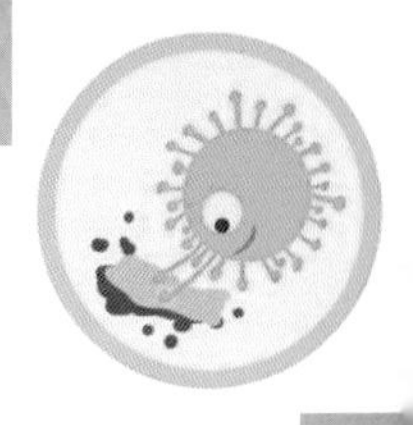

二、微生物农药

微生物农药是指由微生物及其代谢产物加工而成的具有杀虫、杀菌、除草、杀鼠或调节植物生长等作用的具有农药活性的物质。微生物农药防治病虫害效果好且难以产生抗药性，对人畜安全无毒，不污染环境，无残留，能保持农产品的优良品质；对病虫的杀伤特异性强，不杀伤害虫的天敌和有益生物，能保持生态平衡。

根据有效成分，微生物农药可分为活体微生物农药和微生物次级代谢产物两大类。根据用途或防治对象不同，微生物农药则可分为微生物杀虫剂、微生物杀菌剂、微生物除草剂、微生物杀鼠剂和微生物植物生长调节剂等。

1 微生物杀虫剂

微生物杀虫剂主要包括细菌杀虫剂、病毒杀虫剂、真菌杀虫剂、杀虫素、原生动物杀虫剂和昆虫病原线虫制剂等。

细菌杀虫剂是利用对某些昆虫有致病或致死作用的杀虫细菌所含有的活性成分或菌体本身制成的，用于防治和杀死目标昆虫的生物杀虫制剂。苏云金芽孢杆菌（*Bacillus thuringiensis*，如图 4-5 所示）是目前世界上用途最广、开发时间最长、产量最大、应用最成功的微生物杀虫剂，可依靠其所含有的伴孢晶体、外毒素及卵磷脂等致病物质引起鳞翅目昆虫肠道等病症而使昆虫致死。此外，美国的 Mycogen 公司生产的荧光假单胞菌（*Pseudomonas ßuorescens*）、孟山都公司生产的黏质沙雷杆菌（*Serratia marcescens*）以及 Fairfax 公司生产的日本金龟子芽孢杆菌（*Bacillus popilliae*）等也是已产业化的细菌杀虫剂。

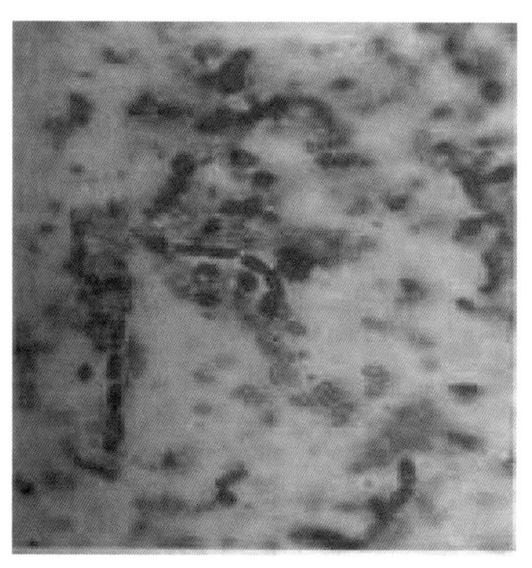

图 4-5　苏云金芽孢杆菌

真菌杀虫剂是一类寄生谱较广的昆虫病原真菌，是一种触杀性微生物杀虫剂。真菌杀虫剂穿过害虫体壁进入虫体繁殖，消耗虫体营养，使代谢失调，或在虫体内产生毒素杀死害虫。目前，研究利用的主要种类有白僵菌属（*Beauveria*）、绿僵菌属（*Metarhizium*）、拟青霉属（*Paecilomyces*）、座壳孢菌属（*Aschersonia*）和轮枝菌属（*Verticillium*）。最有生产价值的是白僵菌属和绿僵菌属。白僵菌寄主很多，主要是玉米螟和松毛虫，已作为常规手段连年使用，是我国研究时间最长和应用面积最大的真菌杀虫剂。绿僵菌是一种广谱的昆虫病原菌，在国外应用其防治害虫的面积超过了白僵菌，防治效果可与白僵菌媲美。

大多数病毒杀虫剂属于杆状病毒的核多角体病毒（nuclear polyhedrosis virus，NPV），少数是颗粒体病毒（granulosis virus，GV）。昆虫病毒有高

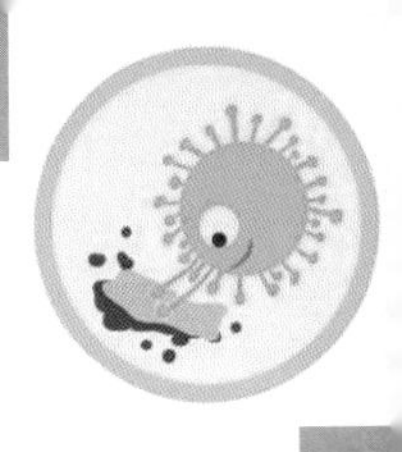

度的专一寄生性，通常一种病毒只侵染一种昆虫。但由于病毒只能用害虫活体培养增殖，其大规模工业生产受到限制。已经小规模商品化的病毒杀虫剂多数用于防治鳞翅目害虫，例如棉铃虫、舞毒蛾、斜纹夜蛾、天幕毛虫、菜粉蝶等。德国、美国等国家均已开发了不少产品，如苹果蠹蛾颗粒体病毒（*Cydia pomonella* granulovirus，CpGV）、舞毒蛾核多角体病毒（*Lymantria dispar* nuclear polyhedrosis virus，LdNPV）等。我国也开发了用于防治松毛虫和棉铃虫的核多角病毒，并有少量生产。

杀虫素主要包括阿维菌素、浏阳霉素、杀蚜素等，其中阿维菌素是一种超高效的杀虫生物农药，对昆虫和螨类具有触杀和胃毒作用并有微弱的熏蒸作用。

微生物杀虫剂有离体和活体培养两种生产方法。离体法是将菌种在发酵罐中向液体深层通空气发酵，易于大规模工业生产，对细菌、真菌都适用。活体法要用活体害虫寄主来繁殖微生物，实现大规模生产困难较大，利用生物工程的细胞培养技术繁殖病毒的研究工作已在进行，并取得一定的进展。

2 微生物杀菌剂

微生物杀菌剂是指微生物及其代谢产物和由它们加工而成的具有抑制植物病害的生物活性物质。微生物杀菌剂主要抑制病原菌能量产生、干扰生物合成和破坏细胞结构。其内吸性强、毒性低，有的兼有刺激植物生长的作用。微生物杀菌剂主要有农用抗生素、细菌杀菌剂、真菌杀菌剂等类型。

农用抗生素以日本发展最快，居世界领先地位，日本在植物病害防治领域先后开发了春日霉素（kasugamycin）、杀稻瘟素（blasticidin）、多氧霉素（polyoxin）、井冈霉素（validamycin） 等。井冈霉素、农用链霉素、农抗120（又称抗霉素，antimycin）、多氧霉素和中生菌素（zhongshengmycin）等产业化品种已成为我国微生物农药产业的中坚力量。

另外，微生物杀菌剂可以产生多种抗菌物质，包括脂肽类、肽类、磷脂类、类噬菌体颗粒、细菌素等，可抑制病原菌对现有的抗生素的抗性问题。如非核糖体途径合成的脂肽类抗生素表面活性素（surfactin）、伊枯草菌素（iturins）和丰原素（fengyctin）；核糖体途径合成的肽类抗生素枯草菌素（subtilin）、几丁质酶（chitinase）（图 4-6）等。

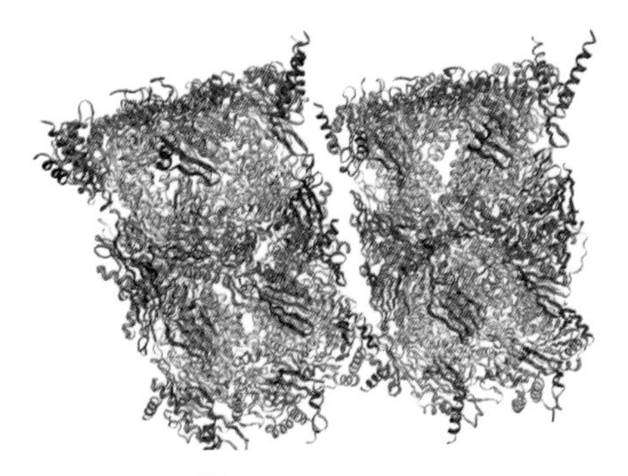

图 4-6　几丁质酶

真菌杀菌剂研究和应用最广泛的是木霉菌，其次是黏帚霉类。我国开发研制的灭菌灵，主要用于防治各种作物的霜霉病。在国外用放射形土壤杆菌 k84 菌系防治果树的根癌病是最成功的例子，并且已商品化。细菌微生物杀菌剂以芽孢杆菌为主，脂肽类物质和抗菌蛋白是主要抗菌物质，主要抑制小麦纹枯病病原菌菌丝生长、菌核形成和菌核萌发，并用于防治水稻纹枯病、三七根腐病、烟草黑胫病。

3　微生物除草剂

杂草的微生物防治是指利用寄主范围较为专一的植物病原微生物或其代谢产物，将影响人类经济活动的杂草种群控制在为害阈限以下。自 20 世纪 80 年代以来，利用微生物资源开发除草剂一直是杂草微生物防治研究的热点。目前主要有两条途径：一是以病原微生物活的繁殖体直接作为除草剂，即

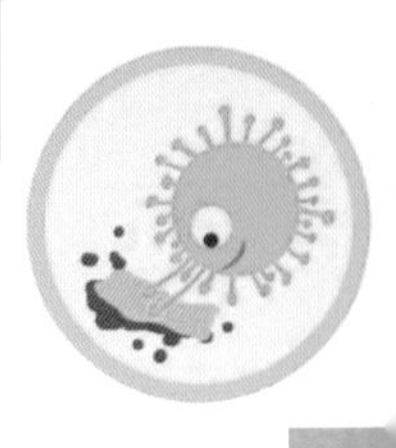

微生物除草剂，目前投入市场的也大多为真菌除草剂；二是利用微生物产生的对植物具有毒性作用的次生代谢产物直接作为除草剂或作为新型除草剂的先导化合物，开发微生物源除草剂，目前已商品化的微生物源除草剂主要为放线菌的代谢产物。已登记的微生物除草剂品种有棕榈疫霉（*Phytophthora palmivora*）、胶孢炭疽菌合萌专化型（*Colletotrichum gloeosporioides* flspl aeschynomenes，Cga）等。

4 微生物植物生长调节剂

微生物植物生长调节剂在我国农业生产中发挥了重要的作用。特别是赤霉素（gibberellin），它具有促进双季杂交水稻分蘖、齐穗、早熟的作用，这使其需求量急增，成为植物生长调节剂中的当家品种。目前开发成功的由微生物产生的植物生长调节剂品种还有细胞分裂素（cytokinin）、脱落酸（abscisic acid，ABA）等。

三、微生物饲料

微生物饲料是利用微生物或复合酶将饲料原料转化为微生物菌体蛋白、生物活性小肽类氨基酸、微生物活性益生菌（图 4-7）、复合酶制剂为一体的生物发酵饲料。该产品不但可以补充常规饲料中容易缺乏的氨基酸，而且能使其他粗饲料原料营养成分迅速转化，达到增强消化、吸收、利用的效果。

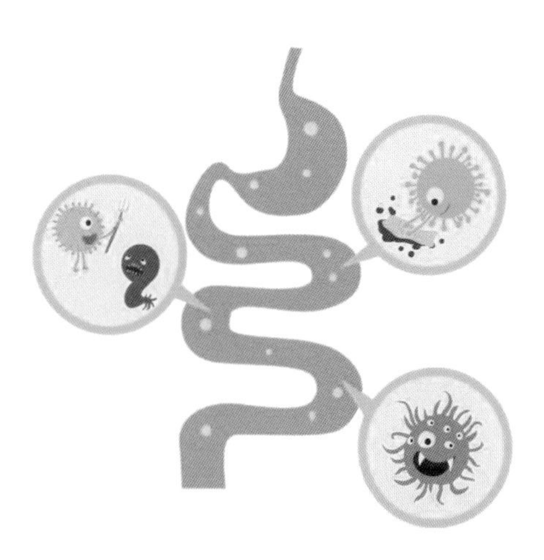

图 4-7　活性益生菌示意图

能够用于微生物饲料的生产及调制的微生物，主要有细菌、酵母菌、担子菌及部分单细胞藻类等。其主要产品有青贮饲料（alfalfa silage）、单细胞蛋白（single cell protein，SCP）、微生物添加剂和酶制剂等。

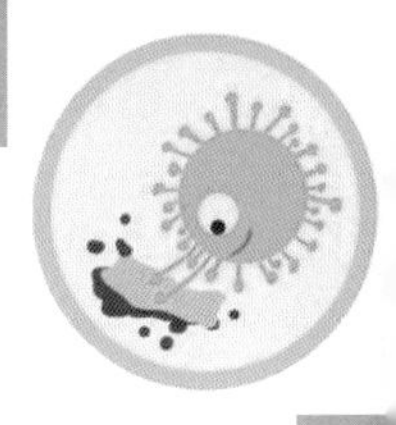

1 青贮饲料

秸秆青贮是指把新鲜的农作物秸秆切碎后填入和压紧在青贮窖或青贮塔中密封，在厌氧条件下经过青贮原料表面上附着或外来添加的乳酸菌发酵作用而调制成多汁、耐储藏的青绿饲料的方法。调制青贮饲料不受气候等环境条件的影响。青贮饲料能储存 20~30 年，并可保存青绿饲料的原有浆汁和养分，气味芳香，质地柔软，适口性好，家畜采食率高。

常规青贮原料有禾谷类作物（玉米、高粱、大麦、黑麦、水稻、小麦等）、禾本科牧草（黑麦草、鸭茅、猫尾草、象草和羊茅属等）、豆科牧草（苜蓿、三叶草、红豆草等）。非常规原料如玉米秸、高粱秸、向日葵茎叶和花盘等农作物秸秆都是很好的饲料来源，但是它们质地粗硬，利用率低，如果能适时抢收并进行青贮，则可成为柔软多汁的青贮饲料。

青贮发酵分为植物呼吸期、好气性微生物繁殖期、乳酸发酵期、丁酸发酵期等四个阶段。在植物呼吸期，植物细胞利用青贮容器内残留的氧气，进行呼吸代谢作用，适量的热有利于乳酸发酵。在好气性微生物繁殖期，假单胞菌属、大肠埃希菌属和芽孢杆菌属的细菌及酵母菌能利用残存的氧气生长繁殖，分解蛋白质和糖类而产生氨基酸和醋酸等物质。经过 3 d 左右的植物细胞呼吸作用和好气性微生物活动，O_2 耗尽，窖内形成厌氧状态，开始植物分子间的呼吸（厌氧呼吸）和乳酸发酵。植物分子间呼吸主要是在细胞内酶的作用下消耗体内的 O_2 而产生 CO_2、H_2O 和有机酸，同时放热；在厌氧条件下，植物体上附着的乳酸菌将原料中的糖分分解为乳酸，在乳酸的作用下，抑制有害微生物的繁殖，使其达到安全储藏的目的。正常青贮时，青贮原料中的可溶性碳水化合物大部分转化为乳酸、乙酸、琥珀酸以及醇类等（主要为乳酸），同时放出少量热量。

若饲料未经切碎，水分含量较高，被微生物污染或原料压实不良，则乳酸发酵过程中所产生的乳酸容易被梭状芽孢杆菌转化为丁酸，并且蛋白质和氨基酸也分解成氨类物质，导致 pH 值升高，青贮品质下降。青贮窖开封后，青贮饲料与空气接触，酵母菌与霉菌又可繁殖起来，导致青贮饲料第二次发酵。二次发酵，在青贮窖覆盖物损坏、透气的情况下也可发生。其后果是温度升高，消耗营养物质，导致青贮饲料变质腐败。

2 单细胞蛋白

单细胞蛋白又称微生物蛋白、菌体蛋白，主要是指通过发酵方法生产的酵母菌、细菌、霉菌及藻类细胞生物体等。单细胞蛋白饲料营养丰富、蛋白质含量较高，而且具有生产速度快、效率高、占地面积小、不受气候影响等优点，所以利用非食用资源和废弃资源（如农副产品下脚料和工业废液等）开发和推广微生物生产单细胞蛋白成为补充饲料蛋白质来源不足的重要途径，意义十分重大。

酵母细胞中含有蛋白质、碳水化合物、脂肪、维生素、酶和无机盐等，是良好的蛋白质资源，菌体中蛋白质的含量高达 40%~80%，组成此蛋白质的氨基酸有 13 种以上，营养价值高且易于消化吸收，可作为优质蛋白源部分或全部代替饲料中的鱼粉。此外，酵母菌本身含有丰富的酶系，可加强动物对营养物质的消化利用，促进其生长，增加其食欲，从而增强动物抵抗各种疾病的能力，且提高动物的繁殖能力。

生产单细胞蛋白的一般工艺如图 4-8 所示。目前，可用于单细胞蛋白生产的微生物的种类很多，在选择时应从安全性、实用性、生产效率和培养条件等方面考虑。目前用于生产单细胞蛋白的微生物主要包括非致病和非产毒的细菌、真菌和微藻等。发酵原料以工农业生产的废弃物为主，如发酵和食品行业的有机废水及废渣、纤维素类物质、菜籽饼粕和棉籽饼粕等蛋白质的下脚料，以及石油化工产品原料和副产品。

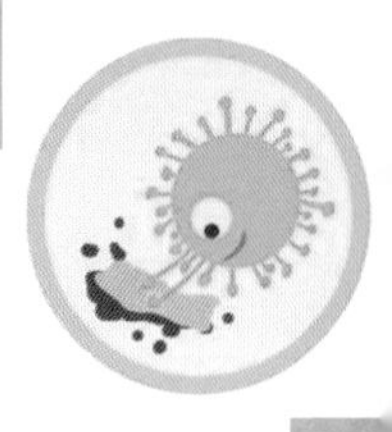

菌种→菌种扩大培养→发酵罐培养→培养液→分离→菌体→洗涤或水解→干燥→动物饲料

图 4-8　生产单细胞蛋白的一般工艺

单细胞蛋白虽然营养丰富，但是也存在许多问题。由于核酸含量较高，过量的核酸在畜体内消化后形成尿酸，而家畜无尿酸酶，尿酸不能分解，随血液循环在家畜的关节处沉淀或结晶，引起痛风症或风湿性关节炎。为此应发展脱核酸技术，生产脱核酸 SCP，未脱核酸 SCP 在使用时应控制添加量。另外，某些单细胞蛋白含有对动物体有害的物质，尤其是细菌蛋白；有些多肽能与饲料蛋白质结合，阻碍蛋白质的消化；单细胞蛋白中还含有一些不能被消化的物质如甘露聚糖，对饲料干物质的消化起副作用。

3　微生物酶制剂

酶制剂作为一种新型高效饲料添加剂，可以提高动物生产性能和减少排泄物的污染，同时也为开辟新的饲料资源、降低饲料生产成本提供了行之有效的途径，并为饲料工业高效环保、节粮和可持续发展提供了保障和可能性。饲用酶制剂的研究开发和推广使用，已成为生物技术在饲料工业中应用的重要领域。

饲用酶制剂主要用于分解动物自身不能消化的物质或降解抗营养因子或有毒有害物质等，主要包括植酸酶、纤维素酶（图 4-9）、半纤维素酶、果胶酶等。饲用酶制剂有精制酶和粗制酶两类。粗制单酶制剂是指具有特定分解能力的单一菌种（或菌株）培养物经浓缩等处理制得，或直接将安全发酵培养物与其中的酶一起制成的酶制剂。由于粗制酶含有多种相关酶系和一定量的维生素，常有较好的促生长作用，且生产成本低，所以饲用酶制剂多为粗制酶产品。精制酶是经过液态发酵并提纯精制处理的酶制剂，用于复配酶制剂。精制酶作为饲料添加剂应用不多，有蛋白酶、淀粉酶、植酸酶、β- 葡聚糖酶等产品。

图 4-9　纤维素酶示意图

4　微生物在饲料中的其他用途

微生物饲料添加剂主要有芽孢杆菌属、乳杆菌属、链球菌属，另外还包括酵母菌、双歧杆菌属及部分霉菌等菌种，其在动物体内的作用主要有改善肠道微生态环境，提高饲料转化率，抑制其他致病性微生物和腐败微生物。

饲用抗生素是指在健康动物饲料中添加的，以改善动物营养状况和促生长为目的的，具有抗菌活性的微生物代谢产物，主要用于猪、鸡等单胃畜禽。研究重点是筛选研制无残留、无毒副作用、无抗药性的专用饲用抗生素，不但与人用抗生素完全分开，而且与兽药分开，以保证饲用抗生素的绝对安全。目前生产上使用的相当部分的饲用抗生素仍为人畜共用抗生素，但其应用受到严格限制。

利用微生物生产饲用维生素，由于可以使用粗制品，在工艺和成本方面都比较理想，用量较多的维生素 B2 等更是这样。

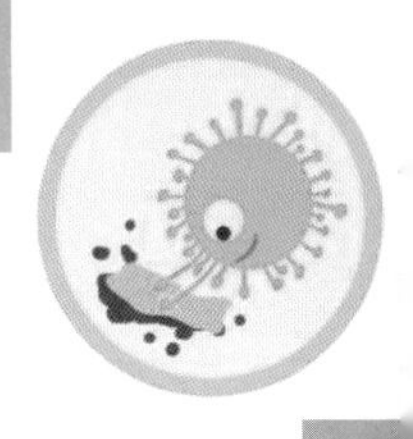

四、食用菌

食用菌是蘑菇、香菇、平菇、木耳等可食用大型真菌的统称（图 4-10），广义的食用菌还包括灵芝、虫草、云芝等可以药用或食药兼用的真菌，其是高蛋白、低脂肪的优质食品，具有很好的医疗保健功效，因此国内外的消费市场越来越大。食用菌已经成为我国第六大种植产业，我国目前已成为世界上最大的食用菌生产国和出口国。

图 4-10　多种多样的食用菌

1　栽培菌种和品种

我国是菌物种类最丰富的国家之一，能商业化的种类已经增加到 50 多种，其中较大量栽培的有香菇（*Lentinula edode*）、平菇（*Pleurotus ostreatus*）、黑木耳（*Auricularia auricula*）、毛木耳（*Auricularia polytricha*）、双孢蘑菇（*Agaricus bisporus*）、金针菇（*Flammulina velutipes*）等，其产量占总产量的75%以上。近年发展较快的有杏鲍菇（*Pleurotus eryngii*）、白灵菇（*Pleurotus nebrodensis*）、茶薪菇（*Agrocybe chaxingu*）、洛巴伊口蘑（又称金福菇，*Tricholoma lobayense*）和鸡腿菇（*Coprinus comatus*）等。在人工栽培食用菌时，通常用孢子或子实体组织萌发而成的纯菌丝体作为播种材料。

我国幅员辽阔，气候多样，不同地域、不同气候条件、不同栽培设施条件、不同栽培季节，栽培的品种不同；产品用途不同、销售对象不同，栽培的品种也不同。每个栽培菌种中有农艺性状和商品性状不同的若干品种。农艺性状主要按出菇温度、出菇早晚、适宜的基质等划分品种，商品性状主要按子实体大小和色泽划分品种。如香菇、平菇和滑菇等按出菇温度可划分为高温品种、中温品种、低温品种；香菇和滑菇按出菇早晚可划分为迟生品种和早生品种；香菇和黑木耳按栽培适宜的基质可划分为椴木品种和代料品种；金针菇按子实体色泽可划分为黄色品种、浅黄色品种和白色品种；双孢蘑菇按商品性状分为鲜销品种和罐藏品种。

2 栽培原料

食用菌栽培配方众多，原料复杂，大多农作物副产品均可利用。常用的培养料有木屑、棉籽壳、玉米芯、麦秸、稻草、豆秸、麦麸、米糠、各种饼肥等。根据不同季节来调整配方含水量：高温季节污染率高，除在配方中添加0.1%~0.2%多菌灵药剂防治外，还可适当降低培养料含水量；低温季节可适当增加培养料含水量，可有效地控制杂菌侵染，而不会影响食用菌菌丝正常生长。材料混配后，其质地坚硬，颗粒粗细不同，为防止菌袋薄膜填料后被刺破，微小孔眼构成污染通道，必须将栽培料过细筛，同时起到均匀拌料的作用。

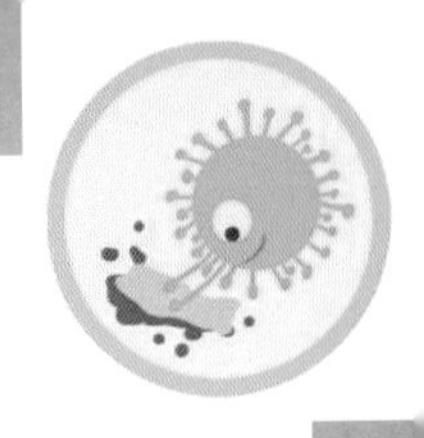

草菇（*Volvariella volvacea*）、双孢蘑菇等食用菌培养料的堆制与发酵是提高产量的关键，发酵的目的是利用嗜热微生物对纤维素、半纤维素等大分子物质进行分解转化，而且能够生成维生素、单糖等物质供食用菌吸收利用。

3 制种

制种是食用菌生产最重要的环节。在食用菌生产过程中，菌种的好坏直接影响食用菌的产量和质量。人工培养的菌种，根据菌种培养的不同阶段，可分为母种、原种和栽培种三类。一般把从自然界中首次通过孢子分离或组织分离而得到的纯菌丝体称为母种，或称一级种，它是菌种类型的原始种。把母种菌丝体移接到木屑、谷粒、棉籽壳、粪草等培养基上培养而成的菌种称为原种，或称二级种，它是母种和栽培种之间的过渡种。把原种接种到相同或类似的材料上进行培养的直接用于生产的菌种称栽培种，或称三级种。食用菌的菌种生产，基本上按菌种分离→母种扩大培养→原种培养→栽培种培养的程序进行。通过三级扩大，增加菌种数量以满足食用菌生产的需要，同时菌丝也从初生菌丝发育到次生菌丝，菌丝更加粗壮，分解基质的能力也增强。只有采用这样质量的菌种，才能获得优质高产的子实体。原种和栽培种均能直接用于生产。栽培种不能再扩大繁殖栽培种（银耳菌种例外），否则会导致生产能力下降。

与固体菌种相比，液体菌种具有培养时间短、发菌快、菌龄整齐、接种方便等优点，而且它还有利于食用菌生产的规模化、工厂化。现在能用液体菌种作种的食用菌有香菇、草菇、金针菇、平菇、蘑菇、猴头菇、凤尾菇、毛木耳、紫丁香蘑、金顶蘑、美味侧耳、灵芝、安络小皮伞、黑木耳、灰树花、滑菇等50余种。从实验室水平或小试试验结果来看，绝大多数的食用菌菌丝能在培养条件适宜的液体培养基中生长，生产出合格的液体菌种，用于制成固体栽培种或直接作栽培种使用。

4 栽培模式和栽培技术

我国香菇、木耳（黑木耳、毛木耳）和银耳（银耳和金耳）的代料栽培技术近年来一直保持世界领先水平，其他农业式生产（非工厂化）的食用菌栽培技术也均居于世界先进水平，如平菇、茶薪菇、杏鲍菇、草菇等。常用的代料栽培园艺设施有日光温室及各类塑料大棚、中棚、小棚、荫棚，为了利于控温控湿，较干燥的北方常建造半地下菇棚；栽培工艺上，除双孢蘑菇和姬松茸外，几乎都采用塑料袋栽。香菇和平菇的栽培基本模式经过 10 多年的推广和改进，已演变为多种新模式，木耳、金针菇、蘑菇、草菇、灵芝等种类，也都出现了各具特色的栽培模式。这些不同模式因地制宜，都创造了巨大的经济效益和社会效益。

双孢蘑菇的生产步骤大致为：培养料选用优质无霉变的稻草，配以少量玉米芯或玉米秸秆，也可以加花生壳，按比例加入牛粪或鸡粪；培养料与发酵剂混合堆制发酵，总计需 3 周时间；将发酵好的料铺在料床内，待料温降至 28 ℃以下时，即可播种；发菌时要控制温度、避光；菌丝完全长满培养料后即可覆土，并调整土层含水量，保持良好的通风和空气湿度；待菌蕾长至直径为 5 cm 左右时，即可采收。

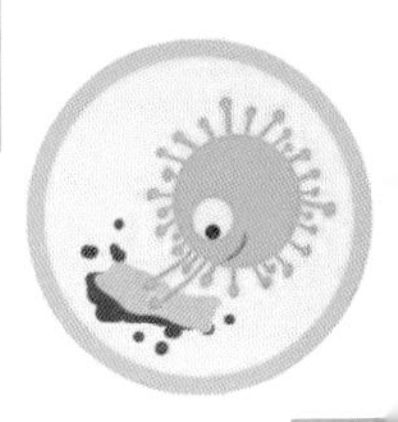

第五章

微生物与生态环保

Chapter 5

微生物在地球生态系统物质循环的过程中起着"天然环境卫士"的作用，在污染物的降解转化、资源的再生利用、无公害产品的生产开发、生态保护等方面，微生物都能发挥重要作用。

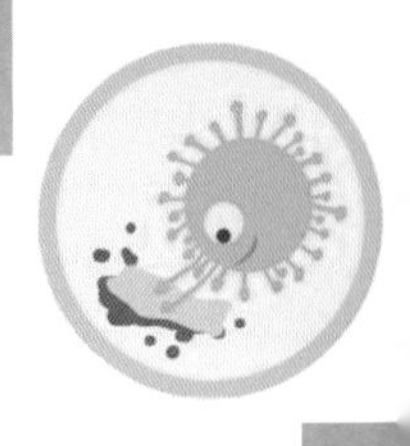

一、微生物生态系统

1　生态系统概述

生态系统（ecosystem）是指在一定的空间内生物成分和非生物成分通过物质循环和能量流动互相作用、互相依存而构成的一个生态学功能单位（图 5-1）。在这个系统中，物质、能量在生物与生物之间、生物与环境之间不断循环流动，形成一个能够自己维持下去的，相对稳定的，并具有一定独立性的统一整体。

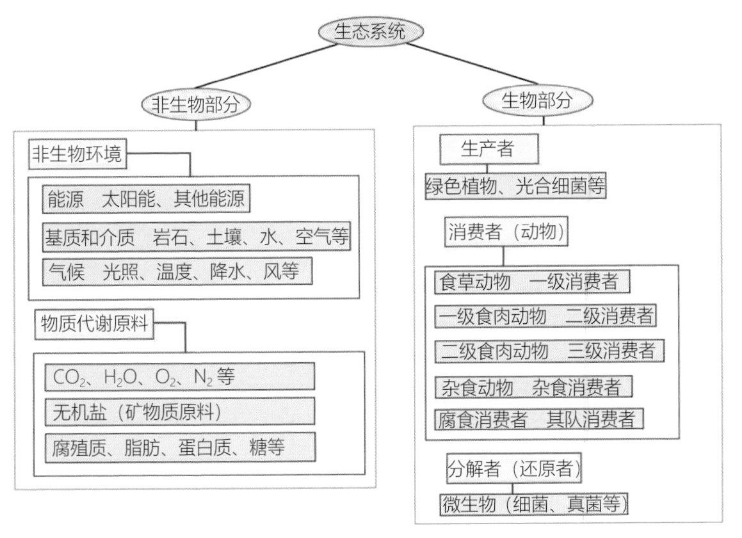

图 5-1　生态系统示意图

生物成分按其在生态系统中的作用，可划分为三大类群：生产者、消费者和分解者。

微生物生态系统是指微生物与周围的生物及非生物共同构成的整体系统。微生物生态学（microbial ecology）是研究生态系统中微生物之间、微生物与其他生物之间、微生物与环境之间的生态关系的科学，是生态学的一个分支。

通过对微生物生态系统进行研究，可了解微生物的分布和活动规律，为人类开发利用微生物资源提供依据，更好地发挥微生物在工业、农业、医药卫生和环境保护方面的有益作用。

2　微生物生态系统的特点

1）微环境

微生物的微环境指直接影响微生物生存和发展的、与微生物的关系最为密切的微生物细胞环境。

2）稳定性

由于微生物生态系统中微生物种类的多样性，当环境条件在一定范围内变化时，微生物的种类、组成比较稳定。

3）适应性

微生物的微环境发生剧烈变化时，微生物群落的结构会发生相应的变化。微生物的生命活动与其内、外环境有着密切的关系。它们之间的相互关系主要有互生、共生、拮抗、寄生和捕食等。

3　微生物在生态系统中的重要作用

微生物生态构成自然界生态系统能量物质流动循环中不可分割的一部分，微生物可以在多个方面但主要作为分解者在生态系统中起重要作用（图 5-2）。

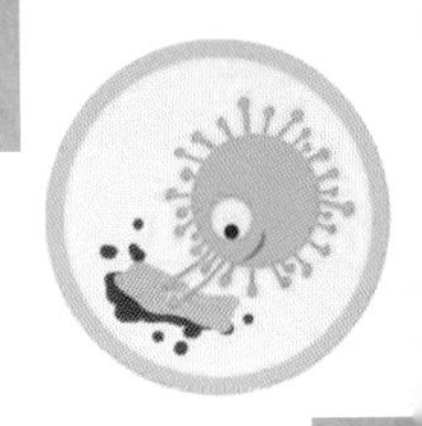

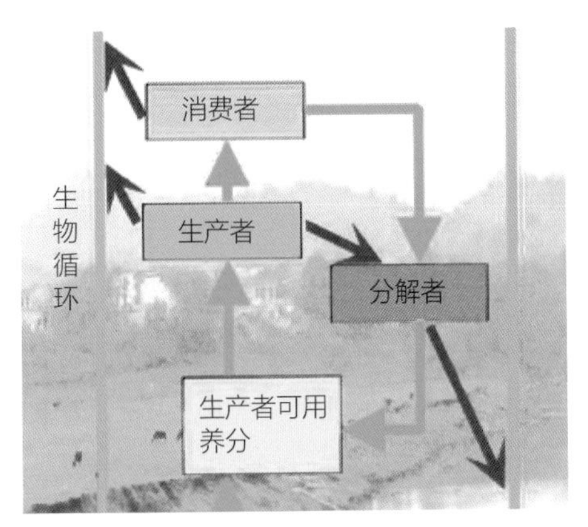

图 5-2 生物循环示意图

1）微生物是有机物的主要分解者

微生物最大的价值在于其分解功能，可以说地球上 90% 以上的有机物都由微生物进行分解。它们能分解生物圈内存在的动、植物和微生物残体等复杂有机物，并将其最后转化成最简单的无机物，再供初级生产者利用。

2）微生物是地球物质循环的重要成员

微生物参与所有的物质循环，大部分元素（包括 C、N、P、S 等元素）及其化合物都受到微生物的作用。在一些物质的循环中，微生物是主要的成员，起主要作用；一些过程只有微生物才能进行，微生物起到独特的作用；有的是循环中的关键因素，微生物起关键作用。

3）微生物是生态系统中的初级生产者

光能自养和化能自养微生物是生态系统的初级生产者，它们具有初级生产者所具有的两个明显特征，即一方面可直接利用太阳能、无机物的化学能作为能量来源，另一方面其积累下来的能量又可以在食物链、食物网中流动。

4）微生物是物质与能量的储存者

微生物和动、植物一样也是由物质组成和由能量维持的生命有机体。在土壤、水体中有大量的微生物，储存着大量的物质和能量。

5）微生物是生物进化中的先锋种类

微生物是最早出现的生物体，并进化成后来的动、植物。藻类的产氧作用改变了大气圈中的化学组成，为后来动、植物的出现打下了基础。

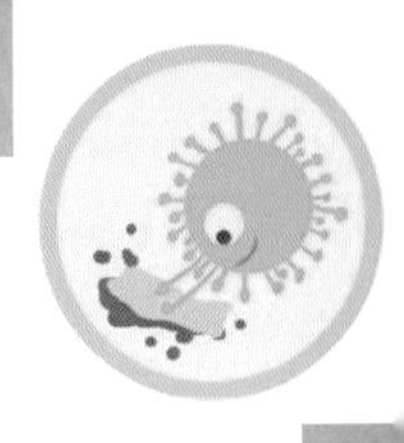

二、生态环境中的微生物

微生物种类多、繁殖快、适应环境的能力强，因此广泛分布于自然界中，在生物体内外、工农业产品上和某些极端环境中也可存在各种微生物。

1 土壤中的微生物

土壤是固体无机物（岩石和矿物质）、有机物、水、空气和生物组成的复合物，也是微生物的合适生境，可以说土壤是细菌的“天然培养基”。土壤中存在的细菌种类繁多，数量庞大，土壤是人类最丰富的“菌种物资库”。土壤中微生物的数量和种类很多，包含细菌、放线菌、真菌、藻类、原生动物和病毒等类群，其中细菌最多，占土壤微生物总量的70%~90%，放线菌、真菌次之，藻类、原生动物和病毒等较少。土壤中的微生物主要来自：①天然在土壤中生活的自养菌；②动物尸体腐烂后进入土壤中的腐物寄生菌；③随人或动物的排泄物及尸体进入土壤的致病菌。土壤中绝大多数的微生物对人类是有益的，但是一些能形成芽孢的细菌如破伤风芽孢梭菌、产气荚膜梭菌、肉毒梭菌、炭疽芽孢杆菌等可在土壤中存活多年，成为人类创伤感染的重要来源。

目前，在工业、农业、食品、医药等方面应用的菌种都来自土壤。所以，土壤被人们看作微生物资源的“大本营”或“宝库”。

2 水中的微生物

水中微生物的数量和分布受营养物质、水体温度、光照、溶解氧和盐分等因素的影响，含有较多营养物质或受生活污水、工业有机污水污染的水体中会有相当多的细菌。水是各种细菌生存的第二天然环境，但细菌种类和数量一般要比土壤中少得多。除生长于水中的水生微生物以外，水中的微生物主要来自土壤、尘埃、垃圾及人畜的排泄物等的污染。

水中微生物的种类和数量与水体类型、水体污染程度、有机物的含量、溶解氧含量、水温、pH 值及水深等各种因素有关。

由于水容易受人与动物的粪便等各种排泄物的污染，水中常见伤寒沙门氏菌、痢疾志贺氏菌、钩端螺旋体及霍乱弧菌等致病性细菌，可引起多种消化道传染病。因此，加强粪便管理，保护水源，成为预防和控制肠道传染病的重要措施。

3 空气中的微生物

空气中的营养物质少，不适宜微生物的生长，只有少量从土壤及水进入空气中的微生物。虽然空气中缺乏细菌生长繁殖所需的营养物质与水分，细菌等微生物不易繁殖，但由于人畜呼吸道及口腔中的细菌可随唾液、飞沫及飘扬起来的尘埃散布到空气中，土壤中的细菌也可随尘埃进入空气，因此，空气中存在一定种类的细菌。室内空气中的细菌比室外多，尤其在人口密集、空气不流通的公共场所如急诊室、门诊大厅、病房及火车站候车室等。

空气中的微生物主要有各种球菌、芽孢杆菌、产色素细菌以及对干燥和射线有抵抗力的真菌孢子等，也可能有病原菌，如脑膜炎奈瑟菌、结核分枝杆菌、溶血性链球菌、白喉棒状杆菌、百日咳博德氏菌等，尤其在医院附近。

空气中含有大量的微生物，是生物制品、医药制剂、培养基、手术室等污

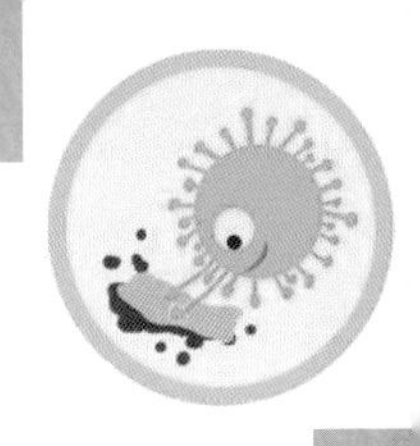

染的主要来源，也可引起伤口或呼吸道的感染，与动植物病害的传播、发酵工业中的污染以及工农业产品的霉腐等都有很重要的关系。因此，医院的病房、手术室、制剂室、微生物实训室等都要进行空气消毒；医务工作者在执行医护操作的过程中更要严格遵守无菌操作技术；在发酵工厂，在空气进入空气压缩机前，要先通过过滤器过滤掉颗粒较大的微生物。

三、微生物在自然界物质循环中的作用

微生物在自然界中广泛分布，同时由于微生物种类繁多，不同种类微生物的细胞内具有不同的酶体系，在进行生命活动时，各种微生物能利用周围环境中的不同有机质为养料进行物质代谢，最后分解成无机化合物。微生物的生命活动使自然界数量有限的植物营养元素成分能够周而复始地循环利用，在自然界的碳素、氮素以及各种矿物质元素的循环中，微生物起着重要的作用。

1 微生物在碳素循环中的作用

碳素是构成各种生物体最基本的元素，它不仅是光合作用的原料，也是呼吸作用的主要产物。碳素形成于有机物的分解和燃料燃烧。碳素循环包括 CO_2 的固定和 CO_2 的再生，即自然界中的 CO_2 通过绿色植物和微生物的光合作用被合成为有机碳化物，进而转化为各种有机物；植物和微生物进行呼吸作用释放出 CO_2。动物以植物和微生物为食物，并在呼吸作用中释放出 CO_2。当动、植物和微生物尸体等有机碳化物被微生物分解时，又产生大量 CO_2，另有一小部分有机物保留下来，形成了宝贵的化石燃料如煤炭、石油和天然气，储藏于地层中。当这些化石燃料被开发利用后，经过燃烧，又形成 CO_2 而回归到大气中（图 5-3）。

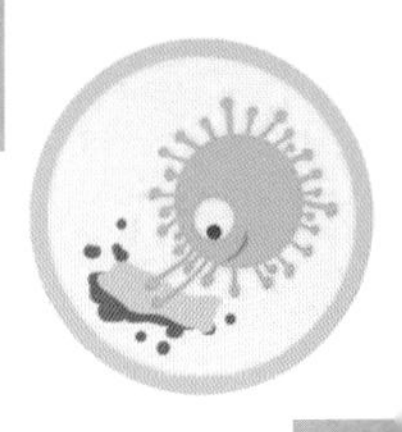

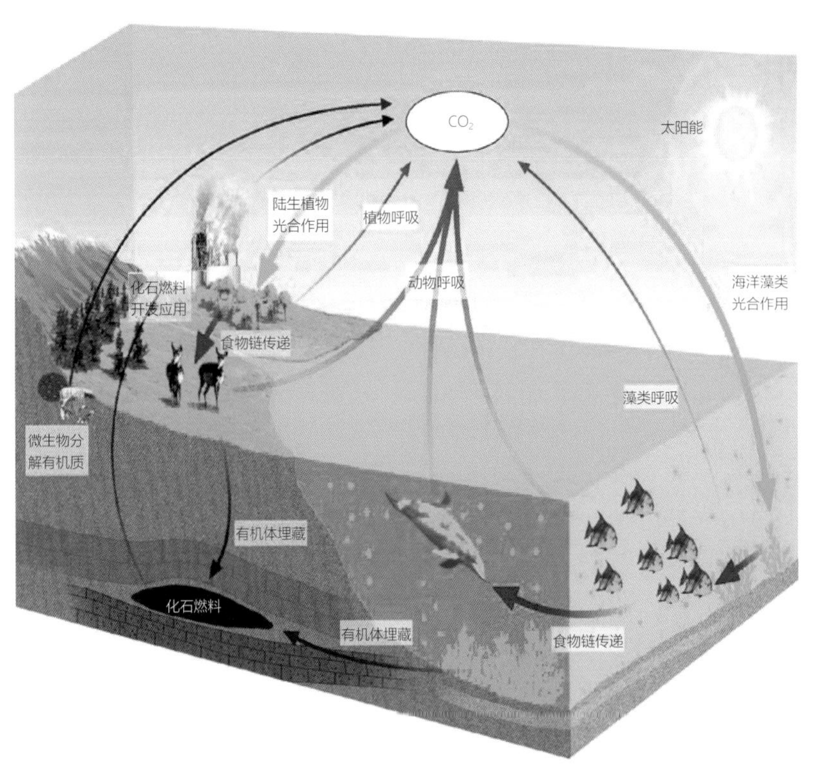

图 5-3　碳素循环

微生物参与了固定 CO_2 合成有机物的过程，但数量和规模远远不及绿色植物。而在分解作用中，微生物则发挥着主要作用。据统计，地球上有 90% 的 CO_2 是靠微生物的分解作用而形成的。经光合作用固定 CO_2，大部分以纤维素、半纤维素、淀粉、木质素等形式存在，不能直接被微生物利用。对于这些复杂的有机物，微生物首先分泌胞外酶将其降解成简单的有机物再吸收利用。由于微生物的种类及所处的环境不一，进入体内的分解转化过程也各不相同。在有氧条件下，通过好氧和兼性厌氧微生物分解，复杂的有机物被彻底氧化为 CO_2；在无氧条件下，通过厌氧和兼性厌氧微生物的作用产生有机酸、CH_4、

H_2 和 CO_2 等。

2 微生物在氮素循环中的作用

1）氮素循环

氮是核酸及蛋白质的主要成分，是构成生物体的另一种必需元素。虽然大气体积中约有 78% 是分子态氮，但所有植物、动物和大多数微生物都不能直接利用这些分子态氮，它们需要的铵盐、硝酸盐等无机氮化物，在自然界中为数不多。只有将分子态氮进行转化和循环，才能满足植物体对氮素营养的需要。因此，氮素物质的相互转化和不断循环，在自然界十分重要（图 5-4）。

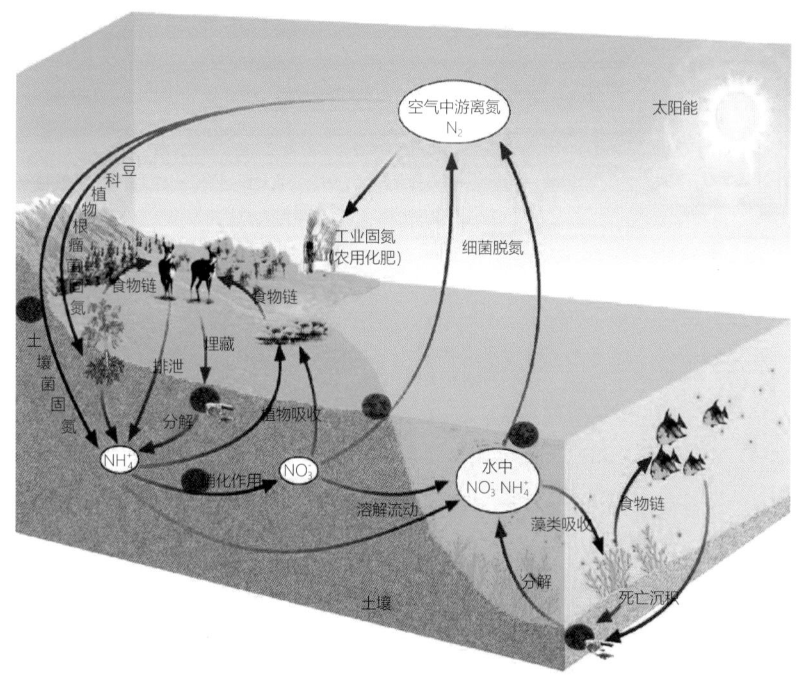

图 5-4 氮素循环

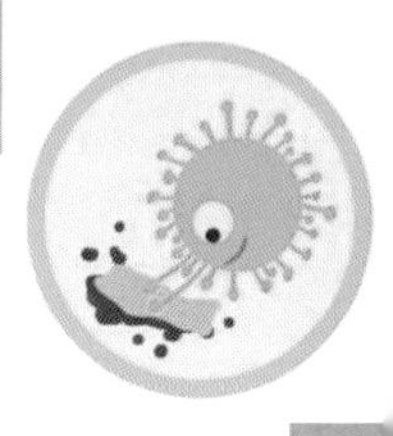

氮素循环包括许多转化作用，空气中的氮气被微生物及微生物与植物的共生体固定成氨态氮，并转化成有机氮化物；存在于植物和微生物体内的氮化物被动物食用后在动物体内转变为动物蛋白质；当动、植物和微生物的尸体及其排泄物等被微生物分解时，氮元素又以氨的形式释放出来；氨在有氧的条件下，通过硝化作用氧化成硝酸， 生成的铵盐和硝酸盐可被植物和微生物吸收利用；在无氧条件下，亚硝酸盐可被还原成为分子态氮返回大气中，氮素循环在此完成。微生物的氮素循环可归纳为固氮作用、氨化作用、硝化作用、反硝化作用和同化作用。

2）微生物在氮素循环中的作用

a. 固氮作用

固氮作用指分子态氮被还原成氨或其他氮化物的过程。自然界氮的固定方式有两种：①非生物固氮，即在雷电、火山爆发、电离辐射和铁作催化剂等因素的作用下，在高温（500 ℃）、高压（30.397 5 MPa）下发生的化学固氮，非生物固氮形成的氮化物很少；②生物固氮，即通过微生物的作用固氮。能够固氮的微生物主要是细菌、放线菌和蓝细菌，均为原核生物。在固氮生物中，与豆科植物共生的瘤菌属贡献最大。

b. 氨化作用

氨化作用指微生物分解含氮有机物产生氨的过程。含氮有机物的种类很多，主要是蛋白质、尿素、尿酸和壳多糖等。

氨化作用在农业生产上十分重要，施入土壤中的各种动、植物残体和有机肥料，包括绿肥、堆肥和厩肥等都富含含氮有机物，它们均需通过各类微生物的氨化作用，才能成为植物能吸收和利用的氮素养料。

c. 硝化作用

硝化作用指微生物将氨氧化成硝酸盐的过程。硝化作用分两个阶段进行。第一个阶段是氨被氧化为亚硝酸盐，利用亚硝化细菌完成，主要有亚硝化单胞菌属、亚硝化叶菌属等的一些种类。第二个阶段是亚硝酸盐被氧化为硝酸盐，利用硝化细菌完成，主要有硝化杆菌属、硝化刺菌属和硝化球菌属的一些种类。硝化作用在自然界的氮素循环中是不可缺少的一环，但对农业生产并无多大益处。

d. 同化作用

同化作用指植物和微生物以铵盐和硝酸盐为无机氮类营养物质，合成氨基酸、蛋白质、核酸和其他含氮有机物的过程。

e. 反硝化作用

反硝化作用指微生物还原硝酸盐，释放出分子态氮和一氧化二氮的过程，一般只在厌氧条件下进行。反硝化作用是造成土壤氮素损失的重要原因之一，在农业上常采用中耕松土的方式抑制反硝化作用。但从整个氮素循环来说，反硝化作用还是有利的，否则自然界的氮素循环将会中断，硝酸盐将会在水体中大量积累，对人类的健康和水生生物的生存造成很大的威胁。

3　微生物在硫素循环中的作用

1）硫素循环

硫是生物体合成蛋白质及某些维生素和辅酶等的必需元素。自然界中的硫和硫化氢经微生物氧化形成 SO_4^{2-}；SO_4^{2-} 被植物和微生物同化还原成有机硫化物，组成其自身；动物食用植物、微生物，将其转变成动物有机硫化物；当动、植物和微生物尸体的有机硫化物（主要是含硫蛋白质）被微生物分解时，以 H_2S 和 S 的形式返回自然界。另外，SO_4^{2-} 在缺氧环境中可被微生物还原成 H_2S。概括地讲，硫素循环可划分为脱硫作用、同化作用、硫化作用和反硫化作用（图 5-5）。

微生物参与了硫素循环的各个过程，并在其中起到很重要的作用。

2）微生物在硫素循环中的作用

a. 脱硫作用

脱硫作用指微生物将动、植物和微生物尸体中的含硫有机物降解成 H_2S

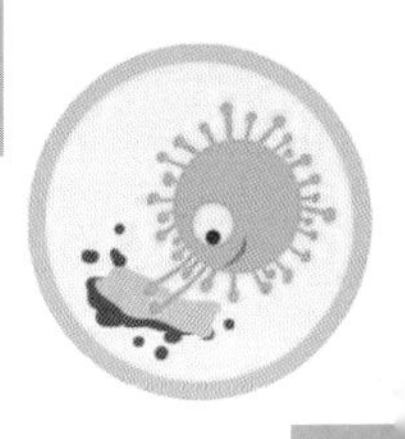

的过程。

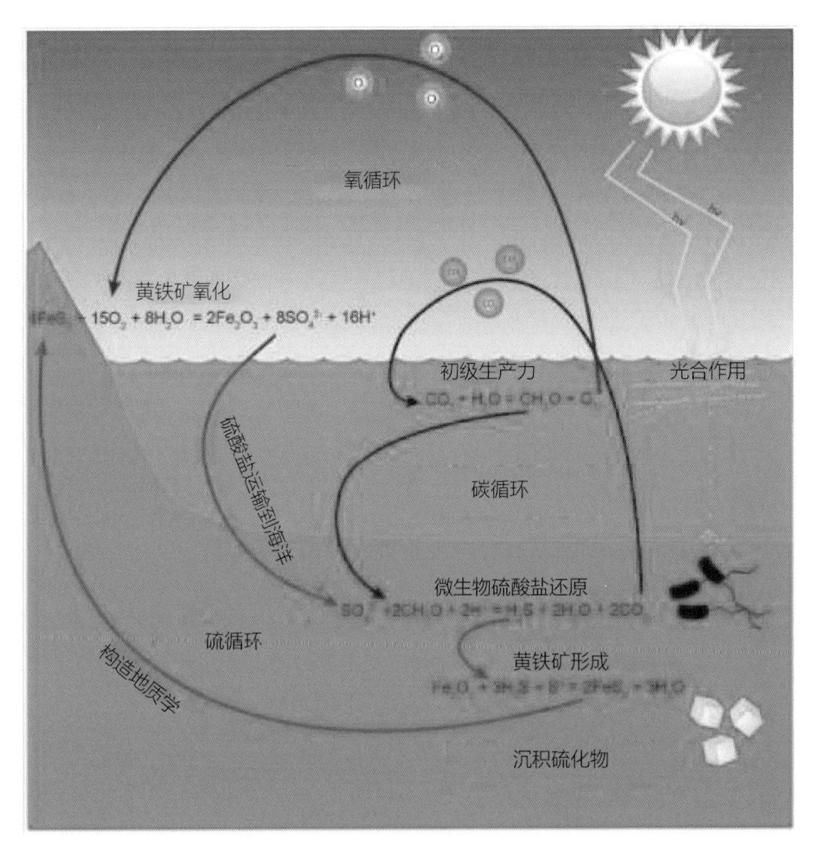

图 5-5　硫素循环

b. 硫化作用

硫化作用即硫的氧化作用，是指在微生物的作用下，硫化氢、元素硫或硫化亚铁等被氧化生成硫酸的过程。自然界能氧化无机硫化物的微生物主要是硫细菌。

c. 同化作用

同化作用指植物和微生物把硫酸盐转变成还原态的硫化物，然后固定到蛋白质等成分中的过程。

d. 反硫化作用

反硫化作用指在厌氧条件下硫酸盐被微生物还原成 H_2S 的过程。

微生物不仅在自然界的硫素循环中发挥了巨大的作用，而且还与硫矿的形成，地下金属管道、舰船、建筑物基础的腐蚀，铜、铀等金属的细菌沥滤以及农业生产有着密切的关系。在农业生产上，由微生物硫化作用所形成的硫酸不仅可作为植物的硫素营养源，而且还有助于土壤中矿物质元素的溶解，对农业生产有促进作用。在通气不良的土壤中所进行的反硫化作用，会使土壤中 H_2S 的含量提高，对植物根部有毒害作用。

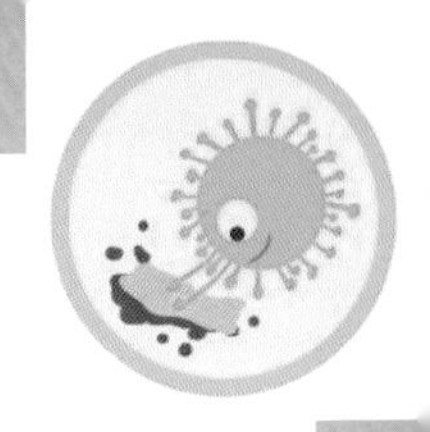

四、微生物与环境保护

随着工业高度发展、人口急剧增长，人类生活消费产生大量的生活废弃物，工业生产产生大量的废气、废渣和废水，农业生产使用各种化肥、农药产生残留物，医疗活动产生大量的医疗污水和医疗废物等，这些物质进入环境后严重污染人类的生存环境，使环境质量不断恶化。

所谓环境污染，是指生态系统的结构和机能受到外来有害物质的影响或被破坏，超过了生态系统的自净能力，打破了正常的生态平衡，对人畜健康、工业、农业、水产业等造成严重危害。

我国的环境污染状况现已令人担忧。我国在 20 世纪 50 年代后开始工业化进程，中华人民共和国成立后由于人口的剧烈增长，污染程度已相当于发达国家 20 世纪 50 年代至 20 世纪 60 年代的严重时期。1990 年，大约有 77% 的废水未经处理直接排放，工业废水处理达标率约为 58%；大量有毒有害物质流入水域，造成城市河段水体污染严重；湖泊的富营养化加剧；京杭大运河江苏段，河水污染发臭，鱼虾绝迹，变成了举世闻名的臭河。我国的环境质量曾逐年下降，再加上乡镇工业异军突起，特别是医药、染料、农药、化肥及造纸、电镀等项目纷纷上马，这些企业排放的污染物危害很大，污染严重，治理难度大，很多企业以牺牲环境为代价来换取短期的经济利益。因此，限制环境的进一步恶化，加强环境保护，已成为人们最关心的大问题。

1 微生物对污染物的降解与转化

生产生活中，排入大气、水体或土壤内的农药、污泥、烃类、合成聚合物、重金属、放射性核素等各种污染物都能引起环境污染，并对人类造成极其复杂的危害，有些污染物在短期内通过空气、水、食物链等多种媒介侵入人体，造成急性危害，也有些污染物通过小剂量持续不断地侵入人体，经过相当长的时间才显露出对人体的慢性危害或远期危害，甚至影响到子孙后代的健康。

排放到环境中的污染物，其降解过程中虽然有物理和化学方面的作用，但主要还是靠微生物来进行。

1）微生物对农药等有毒污染物的降解

除草剂、杀虫剂、杀菌剂等化学制剂总称为农药。我国每年使用大量农药，利用率只有10%，绝大部分残留在土壤中，有的被土壤吸附，有的被转移到水体（河流、湖泊、海洋）中。目前的农药多是有机氯、有机磷、有机氮、有机硫农药，其中有机氯农药危害性最大。这些有毒化合物在自然界存留时间长，对人畜危害严重，而降解这些农药主要归功于微生物。

实验证明，土壤中可降解化学农药的微生物的种类很多，主要为细菌、放线菌和真菌类。通过这些微生物的降解，化学农药的有机部分为微生物提供碳源和氮源，无机部分则被处理后回到土壤。

2）微生物对重金属的转化

环境污染中所说的重金属一般指汞、镉、铬、铅、砷、银、锡等。微生物虽然不能降解重金属，但能改变重金属在环境中的存在状态从而改变其毒性。例如，梭菌、脉孢菌、假单胞菌等细菌和许多真菌具有使汞甲基化的能力。另一方面，微生物直接和间接的作用也可以去除环境中的重金属，有助于改善环境。

3）微生物对石油的降解

在石油的开采、炼制过程中，产生了大量的石油污染物。据估计，全世界每年约有10^9 t石油通过多种途径进入地下水、地表水及土壤环境。石油污染

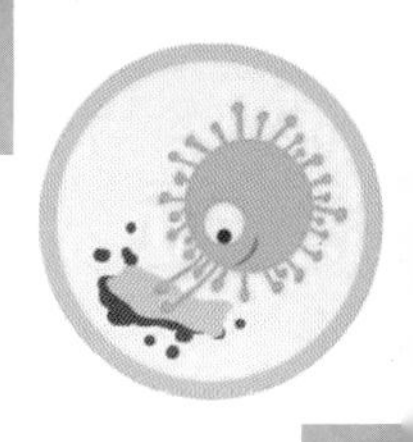

对海洋渔业资源的危害巨大，破坏土壤结构，影响生态平衡。科学家发现，石油的降解主要是微生物在起作用（图 5-6）。能降解石油的微生物有 200 多种，包括细菌、放线菌、霉菌、酵母菌、藻类及蓝细菌等。

图 5-6　工人向被石油污染的海滩喷洒营养液，促使吃石油的细菌生长

现在，科学家们将能降解石油的几种细菌的基因结合转移到一株假单胞菌中，从而构建出"超级微生物"，其能降解多种原油组分。在油田、炼油厂、油轮、被石油污染的海洋和陆地中都可以用这种"超级微生物"去清除油污。

4）微生物对放射性物质的处理

微生物也能对放射性物质进行处理。科学家发现，在核试验厂附近仍有几种微生物生活着，它们可以在辐射强度很高的射线中缓慢地对核放射性废料加以处理，从而加速放射性物质的衰减。

2　微生物与水污染

水源的污染是危害最广、最大的污染。污水的种类很多，有生活污水、医疗污水、工业有机污水（如屠宰、造纸、淀粉和发酵工业等的污水）、工业有毒污水（农药、炸药、石油化工、电镀、印染、制革等工业污水）和其他有毒有害污水等。其中所含的各种有害物质，例如农药、炸药 [TNT（三硝基甲苯）、黑索金等]、多氯联苯（PCB）、多环芳烃（致癌物）、酚、氰和丙烯腈等的污染后果尤为严重。为了保护环境，节约水源，各种污水尤其是生活污水和工业废水必须先经处理，除去其杂质与污染物，待水质达到一定标准后，才能排放入自然水体或直接供给生产和生活重复使用。

在污水处理方法中，最关键、最有效和最常用的方法是微生物处理法。在自然界中，存在着各种能分解相应污染物的微生物类型，如诺卡氏菌、腐皮镰孢霉、木素木霉和假单胞菌等 14 个属的 49 个种能分解氰。

微生物处理污水是利用具有各种生理生化性能的微生物类群间的相互配合而进行的一种物质循环的过程。处理的方法有物理法、化学法和生物法，各种方法都有其特点，可以相互配合、相互补充。目前应用最广的是生物法，其优点是效率高、费用低、简单方便。根据处理过程中氧的状况，生物处理系统可分为好氧处理系统与厌氧处理系统。

1985—1990 年，日本建设省用了整整 5 年的时间在世界上首次利用生物工程技术开发污水处理系统，建立起同污水处理有关的微生物库，储存了 26 种细菌的资料，建立了"脏水处理反应堆""好气性反应堆""厌气性反应堆""除氮反应堆""污泥处理反应堆"等一系列微生物处理污水系统，极大地提高了治理污水的效果（图 5-7）。

图 5-7　曝气池

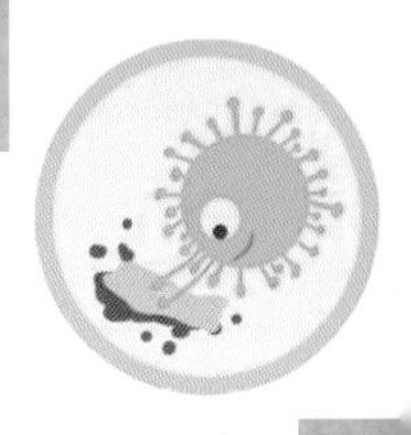

微生物处理法主要用于处理农业和生活废弃物或污水处理厂的剩余污泥，也可用于工业废水处理。

由于微生物代谢类型多样，所以自然界中的所有有机物几乎都能被微生物降解与转化。随着工业的发展，许多人工合成的新的化合物掺入自然环境中，引起环境污染。微生物个体小、适应性强、易变异，可随环境变化，产生新的自发突变株，也可能通过形成诱导酶等，具备新的代谢功能以适应新的环境，从而降解和转化那些"陌生"的化合物。大量事实证明，微生物有着降解、转化物质的巨大潜力。

3 微生物与大气污染

大气污染物主要来源于各类化工厂、化纤厂、石油化工、火力发电、垃圾焚烧厂等的废气和汽车尾气，以及废水处理厂和垃圾处理场产生的臭气等。废气中含有许多有毒的污染物，散发能够挥发的有机物污染"三致"物，还有恶臭、强刺激、强腐蚀及易燃、易爆的组分，导致空气污染（图 5-8）。废气的处理有物理方法和化学方法，如吸附、吸收、氧化及等离子体转化等；也有生物法，生物处理法是目前研究开发的新型废气净化技术。它是利用微生物把废气中的有害气态污染物转化成少害甚至无害物质的废气净化法。目前，微生物主要用来处理污染大气中的有机污染物，特别是脱除臭味。乙醇、硫醇、硫醚、酚、甲酚、吲哚、噻妥衍生物、脂肪酸、乙醛、酮、二硫化碳、二氧化硫、氨和胺等都可以通过微生物进行处理。通常对于某种污染物总能找到适当的微生物进行处理。

图 5-8　大气污染示意图

1）废气的微生物处理方法

微生物能氧化有机物，产生二氧化碳和水等物质。但这一过程难以在气相中进行。因此，废气的生物处理通常是先将气态物质溶于水，之后才能用微生物法处理。另外，废气的成分往往比较单一，难以全面满足微生物生长代谢对营养的要求。所以，在废气的生物处理中需要向生物反应器中投加适宜的营养物质，这样才能保证处理效果。根据生物反应器中使用的介质性质不同，废气的微生物处理方法可分为微生物吸收（洗涤）法、微生物滴滤法和微生物过滤法，其中微生物吸收（洗涤）法采用液态介质，微生物滴滤法和微生物过滤法采用固态介质。

微生物吸收（洗涤）法是利用由微生物、营养物质和水组成的微生物混合液吸收处理废气，适于吸收可溶性的气态污染物。微生物混合液吸收废气后进行好氧处理，去除液体中吸收的污染物，经处理后的吸收液可再重复使用。废水在生物反应器中一般进行好氧处理，常用活性污泥法或生物膜法。经微生物处理后的废水可直接进入吸收器循环使用，也可以经过泥水分离后再重复使用。

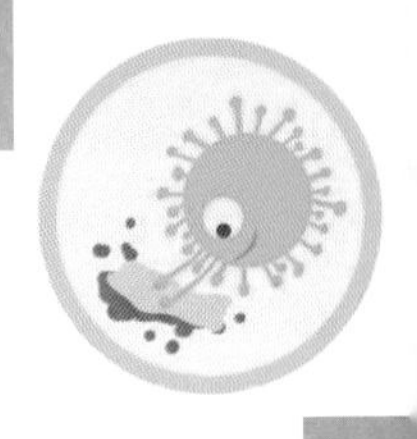

废气经过吸收后所剩余的尾气，若有必要，再做净化处理。还可以利用废水处理厂剩余的活性污泥配制混合液作为吸收剂处理废气。该工艺对脱除复合型臭气效果显著，脱臭效率可达 90%，而且能脱除很难治理的焦臭。

微生物滴滤法处理废气的工艺以生物滴滤反应塔为主体设备，使用的滤料主要是颗粒状或有孔隙的人工材料，如陶瓷、塑料或金属等。从底部进入的废气在上升过程中被喷淋的混合液充分吸收，并在反应塔底部形成处理系统。在曝气的条件下，微生物将废水中的有机物降解转化，达到稳定或无害化。该工艺集废气吸收器和废水处理器为一体，可以处理的挥发性有机物浓度为 0.1~5 g/m^3，流量为 5~50 000 m^3/h。同时，生物滴滤工艺还可以组成并联或串联系统，这样处理负荷更高。微生物滴滤法已成功用于动物脂肪加工厂、轻金属铸造厂的含有氨、胺、硫醇、脂肪酸、酚、乙醛和酮等污染物的废气的净化脱臭。

微生物过滤法使用的固态介质是一种天然材料，常用的固体颗粒有堆肥和土壤。这些材料为微生物的附着和生长提供表面。微生物吸收废气中的污染物，然后将其转化为无害物质。常用的工艺设备有堆肥滤池和土壤滤池。

2）处理废气的微生物

微生物是废气处理反应器的关键组分。微生物的量和活性对生物净化过程具有决定性的影响。一般使用自然存在的微生物、如土壤、堆肥中的微生物；污水污泥经过驯化也可以使用。而对那些难降解物质，则需要接种专门的菌种。近年来，有学者认为生物净化器内存在的生物生态系统，由降解污染物的微生物和大量非直接降解污染物的微生物种群构成，并提出构筑食物链来维持反应器内生态平衡的观点。

生物反应器内的生物相主要由细菌组成，也含有放线菌和真菌。例如，在净化芳香烃类的生物反应器中，常见的细菌有恶臭假单胞菌、铜绿假单胞菌和荧光假单胞菌等。在实际应用中，选用单一微生物的情况不多，多数利用混合微生物。这是因为：①含有多种成分的混合废气，需要多种微生物分别降解；

②有的成分需要几种微生物的相继作用才能分解转化为无害物质，如氨先经硝化菌再经反硝化菌处理才能成为分子态氮；③一些难降解的成分需要由几种微生物联合作用才能被完全降解，如卤代有机化合物先经厌氧微生物还原脱卤，再被好养微生物彻底分解；④由于工艺需要，尽管废气成分能够被单一微生物分解，但还需利用其他微生物，如在硫化氢的氧化中，为了使自养型脱硫杆菌（*Thiobacillus denitriÞcans*）絮凝滞留于反应器内，需与活性污泥中的异养型微生物一起培养。

在废气处理的微生物研究中，以含 H_2S 废气处理微生物的研究最多。下面介绍几种处理 H_2S 的微生物。

a. 厌氧光合细菌

厌氧光合细菌主要有绿菌科的泥生绿菌（*Chlorobium limicola*）和着色菌科的着色菌（*Chromatium*），在充足的光照情况下和 CO_2 存在时，能使 H_2S 氧化为元素硫。

b. 异养菌

异养菌主要有黄单胞菌（*Xanthomonas*）DY44，其能使 H_2S 转变为多硫化物（polysulfide），可去除甲硫醇（MT）、二甲硫醚（DMS）、二甲二硫醚（DMDS）。但其对 H_2S 的去除率低于硫杆菌。

c. 好氧化能自养菌

好氧化能自养菌主要有产硫硫杆菌（*Thiobacillus thioparus*）、硫氧化硫杆菌（*T. thiooxidans*）和铁氧化硫杆菌（*T. ferooxidans*）。其营养要求简单，可生长在生物膜上处理 H_2S 和 CS_2。产硫硫杆菌还可去除 MT、DMS 和 DMDS；硫氧化硫杆菌还可以去除乙硫醇、乙硫醚、硫和噻吩等。

d. 兼性厌氧的化能自养菌

兼性厌氧的化能自养菌主要有脱氮硫杆菌（*T. denitriÞcans*），其以硝酸盐作为电子受体。处理时分两个阶段：第一阶段 SO_2 被脱硫弧菌（*Desulfonilrio*）转化为 H_2S；第二阶段 H_2S 被脱氮硫杆菌以硝酸盐为电子受体氧化为 S 或

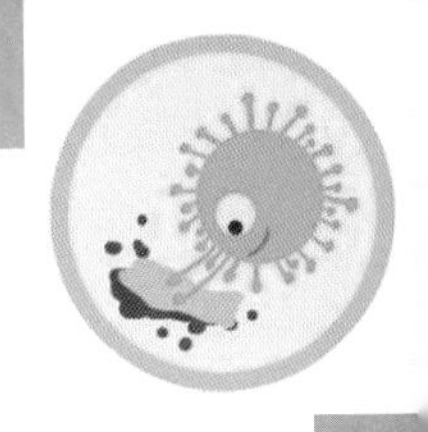

SO_4^{2-}，硝酸盐则被还原为氮气。

近年来，对挥发性有机物（volatile organic compounds，VOCs）降解菌的研究有很大发展。VOCs 高效降解菌经过扩大培养接种到生物吸收（洗涤）器和生物滴滤池中。例如，意大利热那亚大学的研究者用不动杆菌（*Acinetobacter*）NCIMB9689 处理甲苯，用紫红红球菌（*Rhodococcus rhodochrous*）处理苯乙烯；美国密歇根大学的研究人员用木糖氧化产碱菌（*Alcaligenes xylosoxidans*）处理蒎烯等。

4 微生物与环境监测

环境监测是测定代表环境质量的各种指标数据的过程，包括环境分析、物理测定和生物监测。其中，生物监测与环境关系极为密切，而微生物学方法在生物监测中占有特殊的地位。利用低廉的微生物，通过细菌发光检测、抑制代谢检测、遗传毒性试验等微生物检测方法对化学品的毒性进行快速、简便、灵敏的检测。

1）粪便污染指示菌

粪便污染指示菌的存在是水体受过粪便污染的指标。根据对正常人粪便中微生物的分析测定结果，人们认为采用大肠菌群及粪链球菌作为指标较为合适，其中以前者应用较为广泛。

大肠菌群是指一大群与大肠杆菌相似的好氧及兼性厌氧的革兰氏阴性无芽孢杆菌，它们能在 48 h 内发酵乳糖产酸产气，包括埃希氏菌属、柠檬酸杆菌属、肠杆菌属、克列氏菌属等。测定大肠菌群的常用方法有发酵法和滤膜法两种。

大肠菌群数量的表示方法有两种。其一是“大肠菌群数”，亦称“大肠菌群指数”，即 1 L 水中含有的大肠菌群数量。其二是“大肠菌群值”，是指水样中可检出 1 个大肠菌群的最小水样体积（mL），该值越大，表示水中大肠菌群数越小。

我国生活饮用水卫生标准规定，1 L 水中总大肠菌群数不得超过 3 个，即大肠菌群值不得小于 333 mL。

2）水体污染指示生物带

一般的生物多适宜于在清洁的水体中生长，但是有的生物适宜于在某种污染程度的水体中生长。各种不同污染程度的水体有其一定的生物种类和组成。根据水域中的动、植物和微生物区系，可推测该水域的污染状况，污水生物带便是通过以上检测而确定的。通常把水体划分为多污带、中污带和寡污带，中污带又分为甲型中污带和乙型中污带。

3）致突变物与致癌物的微生物检测

人们在生活过程中不断地与环境中的各种化学物质相接触，这些物质对人类的影响与危害是怎样的，特别是致癌效应如何，是人们普遍关心的问题。

据了解，80%~90% 的人类癌症是由环境因素引起的，其中主要是化学因素。目前，世界上常见的化学物质有 7 万多种，其中致癌性研究较充分的仅占 1/10，而每年又新增千余种新的化合物。采用传统的动物实验法和流行病学调查法已远远不能满足需要。目前世界范围内已发展出上百种快速测试法，其中以致突变试验应用最广，其测试结果不仅可反映化学物质的致突变性，而且可推测它的潜在致癌性。应用于致突变试验的微生物有鼠伤寒沙门氏菌、大肠杆菌、枯草芽孢杆菌、脉孢菌、酿酒酵母、构巢曲霉等，以沙门氏菌致突变试验应用最广。

Ames 试验，全称沙门氏菌/哺乳动物微粒体试验，亦称沙门氏菌/Ames 试验，是美国 Ames 教授于 1975 年研究与发表的致突变试验法，其原理是利用鼠伤寒沙门氏菌组氨酸营养缺陷型菌株发生回复突变的性能来检测物质的致突变性。在不含组氨酸的培养基上，组氨酸营养缺陷型菌体不能生长，但当受到某致突变物作用时，因菌体 DNA 受到损伤，特定部位基因突变，由缺陷型回复到野生型，在不含组氨酸的培养基上也能生长。

Ames 试验常用纸片法和平板掺入法。Ames 试验准确性较高、周期短、方法简便，可反映多种污染物联合作用的总效应。对亚硝胺类、多环芳烃、

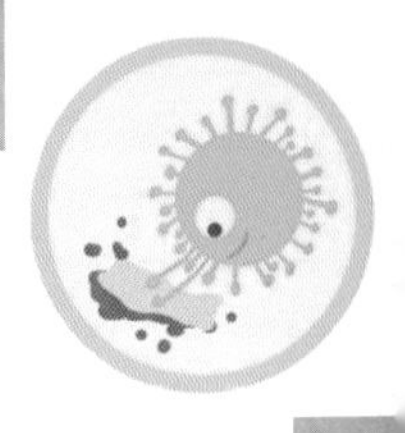

芳香胺、硝基呋喃类、联苯胺、黄曲霉毒素等175种已知致癌物进行Ames试验，结果阳性吻合率为90%；用108种非致癌物进行测定，其阴性吻合率为87%。有人对180种物质进行Ames试验，其中已知致癌物有26种，经Ames试验测得25种为阳性，其吻合率达95%。因此，Ames试验是一种良好的潜在致突变物与致癌物的初筛报警手段。

5 微生物修复技术

随着微生物技术的发展，微生物在多种修复技术中的应用日益广泛。最早将微生物应用于污染土壤的修复，随后应用于海洋石油污染的修复。目前，微生物修复技术已经涉及文物、混凝土等工程的修复。

1）用于生物修复的微生物

用于生物修复的微生物分为三大类型：土著微生物、外来微生物和基因工程菌。

a. 土著微生物

微生物降解有机化合物的巨大潜力，是生物修复的基础。土壤中经常存在着各种各样的微生物，在遭受有毒有害的有机物污染后，实际上就自然地存在着一个驯化的过程。一些特异的微生物在污染物的诱导下产生分解污染物的酶系，进而将污染物降解转化。

目前，大多数生物修复工程中实际应用的都是土著微生物。其原因一方面是土著微生物降解污染物的潜力巨大，另一方面也是因为接种的微生物在环境中难以保持较高的活性以及工程菌的应用受到较严格的控制。引进外来微生物和工程菌时必须注意这些微生物对该地土著微生物的影响。

当处理包括多种污染物（如直链烃、环烃和芳香烃）的污染时，单一微生物的能力通常很有限。土壤微生态实验表明，很少有单一微生物具有降解所有这些污染物的能力。另外，化学品的生物降解通常是分步进行的。在这个过程中包括了多种酶和多种微生物的作用，一种酶或微生物的产物可能成为另一种酶或微生物的底物。因此，在污染物的实际处理中，必须考虑接种多种微生物或者激发当地多样的土著微生物。土壤微生物具有多样性的特点。任何一个种群只占整个微生物区系的一部分，群落中的优势种会随土壤温度、湿度以及污染物特性等条件而发生变化。

b. 外来微生物

土著微生物生长速度太慢、代谢活性不高，或者由于污染物的存在而造成数量下降，因此需要接种一些降解污染物的高效菌。例如，处理 2- 氯苯酚污染的土壤时，只添加营养物，7 周内 2- 氯苯酚的浓度从 245 mg/L 降为 105 mg/L；而同时添加营养物质和接种恶臭假单胞菌纯培养物后，4 周内 2- 氯苯酚的浓度即有明显降低，7 周后仅为 2 mg/L。

接种外来微生物时，会受到土著微生物的竞争，需要用大量的接种微生物形成优势，以便迅速开始生物降解过程。研究表明，在实验室条件下，30℃时每克土壤中用来启动生物修复的最初步骤的微生物称为“先锋生物”，它们能催化限制降解的步骤。

有一些重大的研究项目正在试图扩展用于生物修复的微生物范围。科学家们一方面在寻找天然存在的、有较好的污染物降解动力学特性并能攻击广谱化合物的微生物，另一方面也在积极地研究在极端环境下生长的微生物，包括可耐受有机溶剂、可在极端碱性条件下或高温下生存的微生物，将其应用于生物修复工程。

至 1993 年美国共有 159 个污染地点已经、正在或准备使用生物修复技术进行现场修复治理，对其中的 124 个地点使用的生物修复技术做了分类，其中 96 处（77%）使用的是土著微生物，17 处（14%）采用添加微生物的方式，另外 11 处（9%）共同时使用这两种方式。

c. 基因工程菌

基因工程菌的研究引起了人们浓厚的兴趣（图 5-9）。采用细胞融合技术

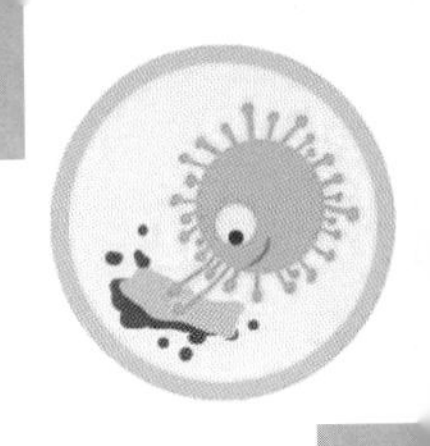

等遗传工程手段可以将多种降解基因转入同一微生物中，使之获得广谱的降解能力。例如，将甲苯降解基因从恶臭假单胞菌转移给其他微生物，从而使受体菌在 0 ℃时也能降解甲苯，这比简单地接种特定的微生物使之艰难而又不一定能成功适应外界环境要有效得多。

图 5-9　无冰晶细菌（基因工程菌）帮助草莓抗霜冻

基因工程菌引入现场环境后会与土著微生物菌群发生激烈的竞争。基因工程菌必须有足够的存活时间，其目的基因才能稳定地表达出特定的基因产物——特异的酶。如果在环境中基因工程菌最初没有足够的合适能源和碳源，就需要适当的基质促进其增殖并表达其产物。引入土壤的大多数外源基因工程菌在无外加碳源的条件下，不能在土壤中生存与增殖。目的基因表达的产物对微生物本身的活力并无益处，有时还会降低基因工程菌的竞争力。

现已分离出以联苯为唯一碳源和能源的多株微生物，它们对多种多氯联苯化合物有着共代谢功能，相关的四个酶由四个基因编码。这些酶将多氯联苯转化为相应的氯苯酸，这些氯苯酸可以逐步被土著菌降解。多氯联苯降解为二氧化碳的限速步骤是在共代谢氧化的最初阶段。联苯可为降解菌提供碳源和能源，但其水溶性低和毒性强等特点，给生物修复带来困难。解决这一问题的新途径是为目的基因的宿主微生物创建一个生态位，使其能利用土著菌不能利用的选择性基质。

理想的选择性基质应有以下特点：对人和其他高等生物无毒、价廉以及便于使用。一些表面活性剂能较好地满足上述要求。选择性基质有时还会成为土著菌的抑制剂，增加基质的可利用性，对有毒物质降解更为有效。环境中加入选择性基质会造成土壤微生物系统的暂时失衡，土著菌需要一段时间才能适应变化，基因工程菌就利用这段时间建立自己的生态位。由于土著菌群中的一些成员在后期也可利用这些基质，因此，含有现场应用型基因质粒的基因工程菌特别适于一次性处理目标污染物，而不适于反复使用。

尽管利用遗传工程提高微生物降解能力的工作已取得了巨大的成功，但是目前美国、日本和其他大多数国家对工程菌的实际应用有严格的立法控制。在美国，工程菌的使用受到"有毒物质控制法"的管制。因此，尽管已有许多关于工程菌的实验室研究，但至今还未见现场应用的报道。这种现状受到美国一些科学家的抨击。例如，美国微生物学会和工业微生物学会以及全国研究理事会都认为，从科学的观点来看，决定是否将一种微生物施用于环境中，主要基于该微生物的生物学特性（如致病性等），而不是它的来源。他们指出，过分严格的立法和不切实际的科学幻想宣传，阻碍了现代环境微生物技术在污染治理中的推广应用。虽然许多环境保护主义者因害怕发生环境灾难而反对将遗传工程菌释放到环境中的观点是可以理解的，但因噎废食而放弃微生物遗传工程技术这一 20 世纪辉煌的科学成就也绝不是科学和实际的态度。

2）土壤生物修复技术

就土壤来说，目前实际应用的生物修复工程技术有原位处理、挖掘堆置处理和反应器处理三种。原位处理是在受污染地区直接采用生物修复技术，不需要将土壤挖出和运输。一般采用土著微生物处理，有时也加入经过驯化和培养的微生物以加速处理。需要采用各种工程化措施进行强化。例如，在受污染区钻井，井分为两组：一组是注水井，用来将接种的微生物、水、营养物质和电子受体等物质注入土壤中；另一组是抽水井，通过向地面上抽取地下水造成所需要的地下水在地层中流动，促进微生物的分布和营养等物质的运输，保持氧

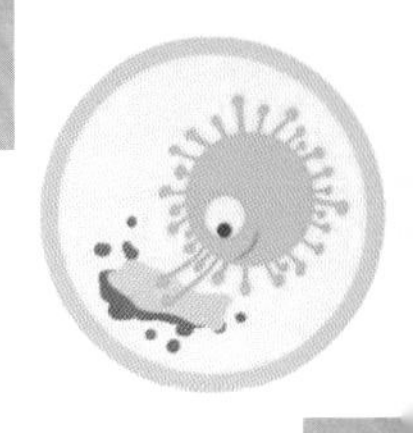

气供应。通常需要的设备是水泵和空压机。有的系统在地面上还建有采用活性污泥法等手段的生物处理装置，抽取地下水处理后再注入地下。原位处理是较为简单的处理方法，节省费用。不过由于采用的工程强化措施较少，处理时间会有所增加；而且在长期的生物修复过程中，污染物可能会进一步扩散到深层土壤和地下水中，因而适用于处理污染时间较长、状况已基本稳定的地区或者受污染面积较大的地区。

生物通风（bioventing）是原位生物修复的一种方式。在受污染地区，土壤中的有机污染物会降低土壤中的氧气浓度，增加二氧化碳浓度，进而形成抑制污染物进一步生物降解的条件。因此，为了提高土壤中的污染物降解效果，需要排出土壤中的二氧化碳和补充氧气。生物通风系统就是为改变土壤中的气体成分而设计的。生物通风方法现已成功应用于各种土壤的生物修复治理。这些被称为"生物通风堆"的生物处理工艺主要是通过真空或加压进行土壤曝气，使土壤中的气体成分发生变化。生物通风工艺通常用于由地下储油罐泄露造成的轻度污染土壤的生物修复。由于生物通风方法在军事基地成功地应用，美国空军将生物通风方法列为处理受喷气机燃料污染的土壤的一种基本方法。

挖掘堆置处理又称处理床或预备床，是将受污染的土壤从污染地区挖掘起来，防止污染物向地下水或更广大地域扩散。将土壤运输到一个经过各种工程准备（包括布置衬里、设置通风管道等）的地点堆放，形成上升的斜坡，并在此进行生物修复的处理；处理后的土壤再运回原地。复杂的系统可以连带管道并用温室封闭，简单的系统就只是露天堆放。有时首先将受污染土壤挖掘起来运输到一个地点暂时堆置，然后在受污染的原地进行一些工程准备，再把受污染土壤运回原地处理。从系统中渗流出来的水要收集起来，重新喷洒或另外处理。这种技术的优点是可以在土壤受污染之初限制污染物的扩散和迁移，减小污染范围。但用在挖土方和运输方面的费用显著高于原位处理方法；另外在运输过程中可能造成污染物进一步暴露；还会由于挖掘而破坏原地点的土壤生态结构。

反应器处理是将受污染的土壤挖掘起来，与水混合后，置于接种了微生物的反应器内进行处理。其工艺类似于污水生物处理方法。处理后的土壤与水分离后，经脱水处理再运回原地。处理后的出水视水质情况直接排放或送入污水处理厂继续处理。反应装置不仅包括各种可以拖动的小型反应器，也有类似稳定塘和污水处理厂的大型设施。在有些情况下，只需在已有的稳定塘中装配曝气机械和混合设备就可以用来进行生物修复处理。高浓度固体泥浆反应器能用来直接处理污染土壤。其典型的方式是液固接触式。该方法采用批式运行：在第一单元混合土壤、水、营养、菌种、表面活性剂等物质，最终形成含20%~25% 土壤的混合相；然后进入第二单元进行初步处理，完成大部分的生物降解；最后在第三单元中进行深度处理。现场实际应用结果表明，液固接触式反应器可以成功地处理有毒有害有机污染物含量超过总有机物浓度 1% 的土壤和沉积物。反应器的规模在 100~250 m^3/d 不等，其与土壤中污染物的浓度和有机物的含量有关。和前两种处理方法相比，反应器处理的一个主要特征是以水相为处理介质，而前两种处理方法是以土壤为处理介质。由于以水相为主要处理介质，污染物、微生物、溶解氧和营养物质的传质速度快，且避免了复杂而不利的自然环境变化，各种环境条件便于控制在最佳状态，因此反应器处理污染物的速度明显加快；但其工程复杂，处理费用高。另外，在用于难生物降解物质的处理时必须慎重，以防止污染物从土壤转移到水中。

3）海洋石油污染生物修复

原油运输油轮失事，近海采油平台及原油集输管线、沿海布局的石油储运和炼化设施发生泄漏事故，生产与生活含油污水排放等，会造成海洋石油污染。海洋石油污染的最大危害是对海洋生物的影响（图 5-10）。油膜和油块能粘住大量鱼卵和幼鱼，使鱼卵死亡、幼鱼畸形，还会使鱼虾类产生油臭味。长期生活在被污染海水中的成年鱼类、贝类体内积蓄了某些有害物质，当进入市场被人食用后即可危害人类健康。在海洋中，细菌和酵母菌为主要石油烃类的降解者。目前已发现超过 700 种微生物能够参与降解石油烃类。微生物的降解速度与油的运动、分布、形态和体系中的溶解氧含量有关。使用生物降解法的

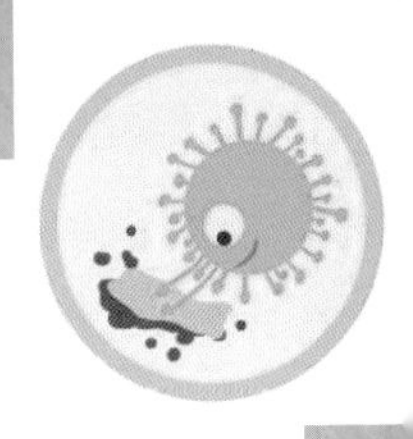

优点在于迅速、无残毒、低成本。微生物修复石油污染主要有两种形式：一是加入具有高效降解能力的菌株；二是改变环境，促进微生物代谢能力。

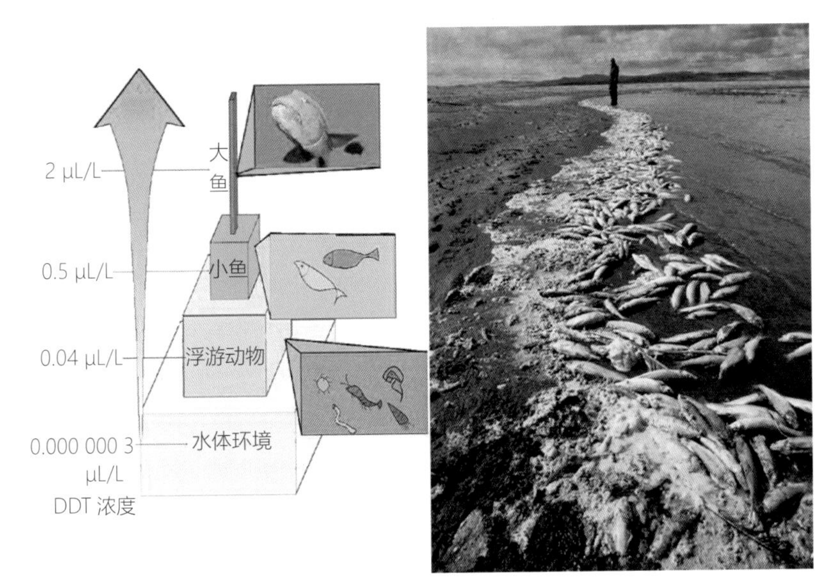

图 5-10 受海洋污染的鱼类

目前主要有接种石油降解菌，使用分散剂，以及使用氮、磷营养盐等三种处理方式。

a. 接种石油降解菌

通过生物改良的超级细菌能够高效地去除石油污染物，被认为是一种很有发展前途的海洋修复技术。但实践表明，接种石油降解菌效果并不明显，这是因为海洋中存在的土著微生物常常会影响接种微生物的活动。

b. 使用分散剂

分散剂即表面活性剂，可以增加海水中微生物的接触面积，增加微生物对石油的利用性。但并不是所有的表面活性剂均有促进作用。许多表面活性剂由于其毒性和持久性会造成环境污染，特别是沿岸地区的环境污染。因此，在实际应用中经常利用微生物产生的表面活性剂来加速石油的降解。

c. 使用氮、磷营养盐

投入氮、磷营养盐是最简单有效的方法。在海洋出现溢油后，石油降解菌会大量繁殖。碳源充足，限制降解的是氧和营养盐的供应。实际使用的营养盐通常有三种：缓释肥料、亲油肥料和水溶性肥料。

缓释肥料要求有合适的释放速度，通过海潮可以将营养物质缓慢地释放出来，为石油降解菌的生长繁殖持续补充营养盐，以提高石油降解速率。

亲油肥料可使营养盐“溶解”到油中。在油相中螯合的营养盐可以促进细菌在表面的生长。1989 年，美国环保局在阿拉斯加埃克森・瓦尔迪兹（Exxon Valdez）石油泄漏事故中，利用生物修复技术成功治理了环境污染。与不受污染的分离菌株相比，从污染海滩分离的细菌菌株具有特殊的降解能力。对现场的环境因子进行分析发现，由于营养盐缺乏，微生物降解能力受到限制；与没加入营养盐的对照组相比，外加亲油肥料一段时间后，污染物的降解速率加快。毒性试验也表明，修复后的环境并没有发生负效应，沿岸海域也没出现富营养化现象。

水溶性肥料指一些含氮、磷的水溶性盐，如硝酸铵、三聚磷酸盐等和海水混合溶解，可降解下层水体污染物（图 5-11）。

图 5-11　水溶性肥料

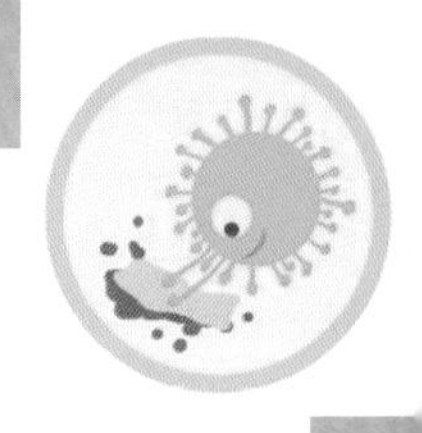

与传统的或现代的物理、化学修复方法相比，石油污染的生物修复具有很大的发展潜力。微生物的种类、石油本身的物理状态和性质以及环境的因素都可以影响微生物对石油污染物的降解。海洋环境中石油烃的微生物降解过程是海洋石油烃的主要归宿。在轻微石油烃污染条件下，海洋动物、植物对石油烃化合物的代谢、降解和释放可以平衡或消除其对石油烃化合物的吸收效应，使某些石油烃化合物在生物组织中没有明显的积累。